本书受到国家社会科学基金青年项目“跨区环保机构事权划分与支出责任划分及保障机制研究”（18CGL032）的资助

贺璇 著

情境中的行动者：大气污染防治政策有效执行研究

中国社会科学出版社

图书在版编目（CIP）数据

情境中的行动者：大气污染防治政策有效执行研究／贺璇著．—北京：中国社会科学出版社，2019.12

ISBN 978－7－5203－5755－5

Ⅰ.①情…　Ⅱ.①贺…　Ⅲ.①空气污染—污染防治—环境政策—研究—华北地区　Ⅳ.①X51

中国版本图书馆 CIP 数据核字(2019)第 288077 号

出 版 人　赵剑英
责任编辑　孔继萍
责任校对　郝阳洋
责任印制　郝美娜

出　　版　中国社会科学出版社
社　　址　北京鼓楼西大街甲 158 号
邮　　编　100720
网　　址　http://www.csspw.cn
发 行 部　010－84083685
门 市 部　010－84029450
经　　销　新华书店及其他书店

印　　刷　北京君升印刷有限公司
装　　订　廊坊市广阳区广增装订厂
版　　次　2019 年 12 月第 1 版
印　　次　2019 年 12 月第 1 次印刷

开　　本　710×1000　1/16
印　　张　14.75
插　　页　2
字　　数　186 千字
定　　价　88.00 元

摘　要

中国当前的大气污染形势十分严峻，如何改善大气质量成为社会各界关心的重要问题，也成为考验党的执政智慧、塑造政府行政权威的重要一环。治理目标的实现需要有效的政策执行，但政策执行过程常常处于“黑箱”之中，得不到足够重视。中国大气污染防治多次遭遇政策执行困境，造成政策执行偏差甚至失败，现有的政策执行研究不能很好地解释政策执行偏差发生的领域、地方、程度的动态变化，更无法解决政策执行者“选择性”执行行为。因此，现实需求和理论盲区构成了本书研究的现实动机和逻辑起点。

结合场域理论、模糊—冲突模型、制度—行动者理论和地方官员激励理论，本书将政策执行研究的线性分析框架和块状分析框架相结合，一方面，选取“行动者”作为政策执行分析的核心模块，并提出了“情境与行动者”分析框架；另一方面，借鉴线性分析思路，通过政策阶段梳理解构“情境”的基本构成及其对行动者行为的影响。因为“情境”构成的模糊性，本书选取了京津冀地区的污染企业搬迁、风沙源治理和“APEC 蓝”三个案例开展探索性研究，通过对案例的深入剖析和跨案例比较分析，总结了大气污染防治政策执行四个关键阶段及其因子构成。通过理论模型升华对这些阶段和影响因子进行整合，提出了影响大气污染防治政策有效执行的 EGSA 模型，即政策议题的环境支持度（Environment）、政策传达过程中的目标锁定状况（Goals）、政策执行中的制度系统（System）、政策执行各主体的行动者行为（Actors）四个系统，并详细阐释了 EGSA 概念模型的内涵。

基于 267 份有效问卷调查结果，借助 SPSS 和 Amos 分析软件，对模型数据的信度、效度进行了检验，分析了数据描述性统计结果，并进行了结构方程的模型检验，实证化检验过程证明了 EGSA 概念模型的存在性和适用性。检验结果表明：大气污染防治政策的有效执行受政策形成的环境支持度、政策文本的目标锁定状况、制度系统的激励和控制能力、各参与行动者行为意愿与能力的影响。其中，制度系统是影响大气污染防治政策有效执行的关键因素，包括政府威权、央地权责划分、中央对地方的激励控制机制和合作机制等因素。行动者行为意愿和能力则是影响大气污染防治政策有效执行的核心，政策环境、政策目标和制度系统都能够调节行动者行为意愿和能力，进而再对大气污染防治政策执行过程和效果产生影响。

根据理论分析和实证研究结果，对京津冀一体化治理雾霾的政策案例进行了应用分析，发现京津冀一体化治霾政策具有良好的外部机遇，得到了中央政府、社会公众的关注和支持，成立了中央和区域性领导组织、调整了央地责任关系并试图重构制度化的激励和控制体系，这些有利的“情境”能够改变地方政府、规制对象的利益格局，进而影响其行动策略，改变行动选择，做出有利于大气污染防治政策执行的行为。但是治霾政策与经济发展的冲突、政策目标的模糊性以及政策工具选择的低效率导致了地方政府政策执行中的价值选择困境、目标困境和治理技术困境，降低了地方政府的政策执行动力，给规制对象提供了投机的能动空间，阻碍了大气污染防治政策的有效执行。因此，京津冀一体化治霾政策的执行前景有赖于政府和社会的进一步关注和支持、制度体系的不断改革和创新，在此过程中，分解并细化政策目标，加强科学研究，创新并提高政策工具的时效性与针对性，提升地方政府政策执行的动力，监督并规制其政策行为，并通过宣传教育改善公众环境认知和行为，拓宽社会公众参与渠道，提升政策执行力。

最后，基于以上分析，提出了本书研究的主要结论、政策建议、创新点和不足，并指出了进一步研究的方向。

关键词：大气污染；政策执行；情境与行动者；EGSA 模型

Abstract

As China's current situation of air pollution becomes very serious, how to improve the air quality has become an important problem cared by the whole social, and it has become a test of the party's ruling wisdom, and an important annulus to shape the government administrative authority. To achieve the goal of management, effective policy implementation is needed, but policy implementation process is often in a "black box", with little attention. In our country, policy implementation always leads to failure in air pollution governance. But the model and theory can not explain the deviation of policy implementation effects and can't explain the "selective" execution behavior. Therefore, this paper fill in the theory gap to a certain extent, with great academic value and practical significance.

On the foundation of Field Theory, Ambiguity-Conflict Model, the System-Actor theory and incentive theory, combining with the linear and block analysis framework of policy research, this paper put the actors in the research center, and put forward a analysis framework "Scene and the Actors". At the same time, draw lessons from the linear analysis method, this paper deconstructs the basic structure of "scene" and its influence on the behavior of actors. This article selects three cases of air policy implementation in beijing-tianjin-hebei area in exploratory research. Through the case and cross-case in-depth analysis, this paper summarizes the four key stages and important influencing factors in policy implementation. By integrating these stages and influencing factors, this paper proposed a EGSA model in analysizing the implementation of air pollution control policy. EGSA mode includes four aspects: policy environment; policy goals; system and actors.

Based on the 267 questionnaires, with the aid of SPSS and Amos analysis software, this paper tested data reliability and validity, analyzed descriptive statistic results, and tested the existence and applicability of the model by evidence-based inspection process of structural equation model. The test results shows that the effective implementation of air policy needs the support of policy environment, the clearly assigned of policy goals, the effective incentive and control system, and the motivated actors. Among them, the system is the key factors, including the government's authoritarian, central power and responsibility division, the motivation and control system and cooperation mechanism. The motive and ability of actors is the core of the effective policy implementation in control of air pollution. Besides, policy environment, policy target and the motivation system can also adjust the actors' willingness and ability in behaving, which will of course have influence in the air policy implementation.

According to the results of theoretical analysis and empiricaltest, this paper choose cooperative implementation of haze policy in Beijing-Tianjin-Hebei area as another example of application case study. The case study shows the policy implementation has positive external environment because they get strong support of central government as well as the society. In the same time, they constructed a regional organization in cooperation, establish a new system to improve the motivation and control, adjust the relationship and responsibility in air governance. The changes of the "scenario" will change the interests of the local governments, and then leads to change of strategy and action, thus improve the policy implementation. However, the conflict between air policy and economy improvement, the ambiguity of policy goals as well as the low efficiency of policy tools leads to dilemma of value、target and technology in local governance. Therefore, to improve the efficiency of air policy implementation, this paper suggests to appeal for more attention of central government and the whole society, to decompose the policy goal, and make system innovation to improve the motivation and control. What's more, environmental education is essential to improve the environmental awareness and behavior, broadening the participation channels is also necessary in improving the efficiency of air policy implementation.

Finally, based on the above analysis, this paper puts forward the main conclusions of this research, make policy recommendations, points out the innovation points and the insufficiency, and points out the direction of further research in the end.

Key Words: Air Pollution; Policy Implementation; Scene and the Actors; EGSA

目　录

第一章

绪　论

第一节　研究背景和意义

一　研究背景

当前中国大气污染形势十分严峻。除了传统的烟煤污染、沙尘暴污染之外，细颗粒物污染 PM2.5、PM10 以及臭氧等新型大气污染物不断涌现，并叠加复合，产生新的危害。大气污染不仅影响了公众的生命健康和生活质量，而且对经济社会的稳定和可持续发展形成威胁。如何快速、高效地治理大气污染，是社会各界群众普遍关注的热点问题，也成为考验党的执政智慧、塑造政府行政权威的重要一环。

一方面，中央政府不断加强对环境问题的认识，提出了科学发展观、人与自然和谐相处、绿水青山就是金山银山等发展理念，将环境保护的基本国策上升为国家战略，把防治污染的具体要求纳入国家发展规划纲要的约束性指标，制定了大气污染防治的法律、法规和各项政策，不断完善政策体系，推动制度创新，意图在发展过程中较好地解决大气污染问题，避免落入“先污染后治理”的窠臼。然而，另一方面，大气污染防治政策的有效执行不足，政策在层级传递中被打折扣，形成了“上动、下不动”的治污困境，顶层设计和基层落实形成脱节。直接表现为国家层面大气污染治理的约束指标落空，如纳入“十五”规划要求的二氧化硫、烟尘排放量指标不降反升；地方层面也大面积地交出了并不好看的“治污成绩单”。根据《中国环境状况公报》，2013 年在 74 个按照新环境质量标准（GB3095—2012）开展空气质量监测的城市中，仅有 3 个城市空气质量达标，超标城市比例高达 95.9%。2014 年在按照新标准监测的 161 个城市中，145 个城市的空气质量超标，超标城市的比例为 90.1%。而亚洲开发银行的分析报告《迈向环境可持续的未来：中华人民共和国国家环境分析》认为，在中国较大的 500 个城市里，只有不到 1% 的城市达到了世界卫生组织（WHO）的空气质量标准，并且世界上污染最严重的 10 个城市，有 7 个位于中国，分别是北京、石家庄、太原、济南、兰州、乌鲁木齐、重庆。[①] 可以说，中国大多数居民直接暴露在严重污染的大气环境之中，中国大气污染的范围之广、程度之重、形势之严峻前所未有，大气污染防治政策如何才能积极、有效、全面落实成为公共部门亟待解决的治理难题。

然而，与此形成鲜明对比的是，在“十五”环境约束性指标落空之后，“十一五”规划期间开展了大规模的“节能减排”行动取得了比较显著的成效。“十二五”期间，一些重点区域和城市继续开展防治大气污染的重点专项行动，在部分地区实现了快速、高效地改善大气质量，产生了如“APEC 蓝”“阅兵蓝”等引人注目的治污效果。为什么有的大气污染防治政策能够得到良好执行，迅速而有效地改善大气质量，有些却被忽略或搁置、选择性部分执行，甚至造成了政策变异？政策执行在不同领域、时间、地区产生的差异不能不引起深思。

一些政策研究者已经从央地关系、激励晋升机制、道德约束、

① 张庆丰、[美] 罗伯特·克鲁克斯：《迈向环境可持续的未来——中华人民共和国国家环境分析》，迈向环境可持续的未来翻译组译，中国财政经济出版社 2012 年版，第 10—15 页。

政策自身等诸多方面对政策执行过程进行了理论建构，提出了“晋升锦标赛”[①]“硬任务—软任务”[②]“委托—代理”[③]“压力型体制”[④]“地方分权”[⑤] 等理论模型，从不同的角度解释了政策执行鸿沟的产生。然而，这些研究都是从静态时空下开展的单一视角分析，如果采用更加宏观和动态的视角去观察，可以发现，尽管诸多因素都能够对政策执行过程和结果产生影响，但是影响因素之间的结构关系如何？哪些是影响政策执行的关键性因素？影响因子的组合不同，是否会形成不同的政策执行模式？如果因子状态发生变化，将会对政策执行产生什么样的影响？因子状态变化之后，影响政策执行的关键性因素会发生怎样的改变？这些简单而深刻的问题仍然没有得到很好的回答。单一视角的静态分析显然过于简单，政策执行难题在大气污染防治政策领域又会有怎样的表现形式，有待于进一步的探索。

二　问题提出

本书的问题意识即来源于此。对于任何一个公共议题而言，政策的有效执行都是实现治理目标的关键。哈佛大学教授 Graham Allison（1990）认为政策目标的实现，90% 取决于有效的执行。政策执行是实现既定治理目标的根本和唯一途径，因而，对政策执行及其影响因素与作用机理的研究具有十分重要的理论和现实意义。

近年来，尽管国内外学术界对中国大气污染治理困局已经有了

① 周黎安：《中国地方官员的晋升锦标赛模式研究》，《经济研究》2007 年第 7 期。

② 狄金华：《通过运动进行治理：乡镇基层政权的治理策略——对中国中部地区麦乡“植树造林”中心工作的个案研究》，《社会》2010 年第 3 期。

③ 周雪光、练宏：《中国政府的治理模式：一个“控制权”理论》，《社会学研究》2012 年第 5 期。

④ 杨雪冬：《压力型体制：一个概念的简明史》，《社会科学》2012 年第 11 期。

⑤ 曹正汉、周杰：《社会风险与地方分权——中国食品安全监管实行地方分级管理的原因》，《社会学研究》2013 年第 1 期。

诸多探索性研究，但是，一方面，当前中国的大气污染形势仍然十分严峻，有限的理论研究成果尚未得到实践的检验和佐证，也未能实现全面、透彻地理解大气污染问题的产生，并指导其进行有效治理。从国外的经验看，大气污染的有效治理通常用了四五十年乃至更长的时间，因此，在较长时间内持续存在的大气污染治理难题具有值得学术界从不同角度去深入研究和探讨的现实需求。另一方面，政策执行作为大气污染治理的关键环节，仍然保持着“黑箱”的神秘。政策执行的相关研究领域尚有很多争议性问题甚至是研究盲点的存在。中国大气污染防治政策的有效执行不仅仅关乎社会现实问题，更蕴藏着经济、政治领域的深层寓意，作为一系列的体制行为，它的发生过程深深扎根于中国的政治、经济、社会环境，它的发展演变与中国政治制度结构、官僚体制、社会发育程度息息相关。所以，对大气污染防治政策执行过程的研究就十分必要，既能够加深对现实问题的理论解释，又有利于通过理论抽象从宏观上指导更多的政策执行（见图1—1）。基于以上考虑，本书聚焦于中国大气污染防治政策有效执行的影响因素分析，并涉及以下关键性问题：

（1）大气污染防治政策由哪些组成？

（2）既有的政策执行研究关注哪些影响因素？如何评价并整合这些因素？

（3）有哪些不同的大气污染防治政策执行模式？

（4）大气污染防治政策执行涉及哪些行动者？行动者的行为逻辑是什么？

（5）这些不同的因素又如何作用于政策执行过程中不同的行动者？

（6）影响因素的变动会给行动者行为带来什么样的影响，如何通过因素分析模型预测政策执行结果？

本书试图以中国大气污染防治政策的执行过程为研究对象，通

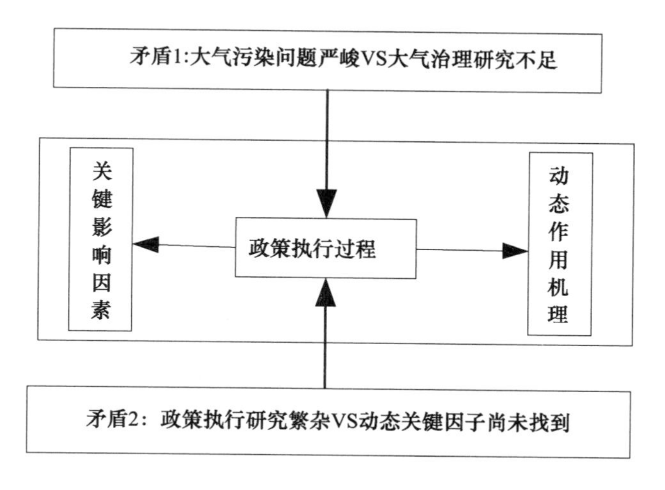

图 1—1　研究问题提出

过政策过程分析，探究影响大气污染防治政策有效执行的重要因子及其与行动者互动的过程，深入理解政策执行影响因素的作用机理。通过问卷调查和访谈收集数据并进行实证检验，寻找影响大气污染防治政策执行的关键因子及其作用路径，从而深入理解大气污染防治政策执行过程的推进及情境性转变，在此基础上探索如何推动建立更加有效的大气污染防治政策执行机制，并促进中国大气污染治理能力的全面提升。

三　研究意义

大气污染防治作为重要的公共政策议题，也是理论研究和社会关注的热点和焦点。本研究在文献梳理基础上进行理论分析框架建构，借助典型事件对其发生过程进行分析和因子提炼，把握大气污染防治政策执行推进的重要阶段和关键因素，并整合为概念性理论分析框架，既有利于补充、深化政策执行分析理论，又有利于探索改善政策执行的微观路径。因此，本书具有重要的理论意义和现实意义。

（一）理论意义

第一，整合政策执行研究，提出统一分析框架。政策执行研究纷繁复杂，学者们从不同角度探索了影响政策执行的因素，形成了自上而下路径、自下而上路径、综合路径等，本书在综合梳理文献研究的基础上，提出了“情境与行动者”分析框架，以政策执行的行动者为中心，将“自上而下”和“自下而上”所考虑的政府威权、政治体制等因素都纳入情境分析，作为影响行动者行为的外部因素，实现了政策执行研究的线性思路和块状思路的整合和简化。“情境与行动者”的研究框架，将政策执行研究视作一个动态的自适应过程，扩大了政策执行研究的宏观格局，实现了政策执行研究从静态到动态的转化。

第二，掌握大气污染防治政策有效执行的关键影响因素及其结构关系，提出理论分析模型。基于整体性分析框架和典型案例，本书提取了大气污染防治政策执行的重要阶段和影响因素，通过理论升华，将影响因素的关系结构化，并提出了大气污染防治政策执行的 EGSA 分析模型，实现了大气污染防治政策执行研究的新组合，实现政策执行理论的扩展和对政策执行认识的深化。

第三，借助大气污染防治政策执行研究，加深对中国环境政治的认识深化。本书在大气污染防治政策执行研究中，以行动者作为分析核心，分析了中国的政治、经济、文化环境，中国的政治体制和官僚制度，并对中国环境政治的发展状况进行了分析，提出了中国环境民主、环境威权的表现形式及进一步的发展路径。

（二）现实意义

第一，理解大气污染防治政策形成与执行的重要阶段，总结既有的政策执行经验。结合四个大气污染防治政策执行的典型案例，通过详细的资料收集和过程梳理，结合政策特点和政策执行情况，提炼出政策形成和执行的重要阶段，提出了影响政策执行的重要因素，案例中政策执行的经验和教训总结能够为大气污染防治政策的制定和执行提供实践借鉴。

第二，分析框架和因子模型的提出，有利于及时评判和推动大气污染防治政策执行。通过文献梳理，构建起一个逻辑自洽的理论分析框架和概念性理论分析模型，剖析了影响大气污染政策执行的关键因子及其作用路径，分析框架和理论模型得到了实证检验和案例应用的检验，证实了其存在性与合理性。分析框架和因子模型的提出，能够在大气污染防治政策执行过程中及时评判执行状态，发现执行阻力，通过情境转换和行动者动员推动政策执行，有效缓解中国大气污染困境。

第三，通过对大气污染防治政策的执行研究，能够透视国家治理环境及国家治理体制，对制度结构和社会发育等问题的探讨，为进一步完善大气环境治理政策提供了理论支撑，也有利于推动公共事务治理体系和治理能力现代化。

第二节　国内外研究现状

一　大气污染防治政策研究

（一）大气污染的内涵与特征

第一，大气污染内涵研究。大气污染是指自然界变化或人类在生活生产过程中产生的对人类生存环境产生污染的物质进入大气，如粉尘、硫化物、氮氧化物、挥发性有机化合物等，且这些污染物自身或由其转化成的二次污染物达到有害程度。[①] 这种使空气质量变差，有可能对动植物、物品、生产产生危害的物质都是大气污染物，目前已知的大气污染物有100多种。值得注意的是并不是所有的大气污染物都会造成大气污染，只有在一定范围内达到某种污染浓度，从而对人类产生不利影响的，才能称为大气污染。大气污染

① 杭颖：《大气污染控制技术及措施》，《化工管理》2015年第21期。

物的来源有自然因素和人为因素两种，而污染物、污染源、气象条件、地表特征等都会影响到大气污染的范围和强度。根据大气污染物综合排放标准（GB16297—1996），大气污染是指生产生活以及自然活动（火山活动）过程中的各类化学气体以及物理微颗粒等物体，它们会对生态环境、人类身心健康造成不良影响。国家治理意义上的大气污染则是指通过国家命令颁布的法律或政策文件对特定大气污染物采取监控，监控数值在一定时间内超过某种规定浓度从而可能造成危害的现象。因此，可能存在一些实质上的大气污染物因为人们认识的不足而并未被纳入政策意义上的大气污染来源，也有因为国家和地区之间政策标准的不同，某一个地区的大气污染物在另一个地区并不被认为是大气污染物。如美国在 1997 年将细颗粒物 PM2.5 纳入大气污染物的检测范围，并制定了排放标准，但由 PM2.5 引起的“雾霾”现象在中国引起重视之后，在 2012 年才制定了新的环境空气质量标准（GB3095—2012），并循序实施，到 2016 年才在全国范围内全面施用。

第二，大气污染演变特征研究。大气污染物并非一成不变，中国的大气污染在不同时期也有不同的表现形式及外在特征。陈建鹏、李佐军（2014）对中国大气污染治理情况进行了总结，发现二氧化硫、烟尘、二氧化氮等常规大气污染物得到了有效控制，空气质量检测总体稳定，但是按照 2012 年新的空气质量标准，2/3 的城市不达标。这一发现也得到了中国工程院、环境保护部（2011）的印证，认为中国快速工业化和城镇化的发展带来大气污染问题的改变，大气污染范围不断扩大，可吸入颗粒物成为影响大气质量的首要污染物，经历了烟煤型、机动车尾气型大气污染，现在已经进入新型复合型大气污染阶段，呈现出了“多污染物共存、多污染源叠加、多尺度关联、多过程耦合、多介质影响”等特征。王冰、贺璇（2014）根据污染源、污染物、污染方式、污染尺度、污染频率和污染区域等维度的差异，梳理了中华人民共和国成立后到现在大气污染物的基本演变规律，指出我国的大气污染呈现出污染物复杂化、污染方式轻型化、污染范围扩大化以及污染时间持续化等特征（见表1—1）。由此可见，中国的大气污染已经突破了单一来源形式，复合型、区域性大气污染是当下面临的主要大气污染问题（李雪松、孙博文，2014）。

表1—1 中国大气污染主要特征的演变历程

	1949—1990年	1990—2000年	2000—2009年	2010年至今
污染源	燃煤、工业	燃煤、工业、扬尘	燃煤、工业、机动车、扬尘	燃煤、工业、机动车、扬尘、生物质焚烧、土壤尘、二次无机气溶胶
污染物	SO_2、TSP、PM10	SO_2、NO_X、TSP、PM10	SO_2、PM10、PM2.5、NO_X、VOCS、NH_3	PM2.5、PM10、O_3、CO、NO_2、SO_2、NO_X、VOCs、NH_3
大气问题	煤烟尘	煤烟尘、酸雨、颗粒物	酸雨、煤烟尘、光化学污染、灰霾	灰霾、细颗粒物、光化学污染、臭氧、煤烟、酸雨、有毒有害物质
污染方式	工业生产	工业生产、城市建设	工业生产、城市建设、移动污染	工业生产、城市建设、移动污染、生活污染
污染尺度	局地	局地+区域	多城市+跨区域	广覆盖+跨国
污染区域	工业基地	部分城市	东南部大范围地区	大部分城市区域
污染频率	偶尔	较少	较多	频繁

资料来源：王冰、贺璇：《中国城市大气污染治理概论》，《城市问题》2014年第12期。

（二）大气污染防治政策发展历程

第一，中国大气污染防治政策的发展脉络。在世界范围内，曾有多个国家遇到过城市大气污染治理的难题。国外相继开展了大规模的科学研究和城市大气污染整治行动，大气污染问题也较早地进入了政策议题。[①] 在欧美发达国家，针对大气污染问题已形成了比较完善的政策治理体系，既包括对破坏大气环境行为的规制，也包括对大气保护行为的激励，甚至还包括技术治理、产业发展、区域协同创新等微观政策内容。[②] 例如：美国在20世纪70年代就制定了《空气洁净法》（*Clean Air Act*），之后多次针对空气污染形式进行了修改，成为改善大气环境的重要制度保障。[③④] 英国深受大气污染的危害，制定了更为系统化的大气污染防治政策体系，根据大气污染物的不同来源，英国在有关道路交通、工业经济、公共卫生、低碳发展、放射性物质等方面的法令中都加入了大气污染防治的法令。[⑤⑥]

中国大气污染防治政策经历了不同阶段的变迁，也逐渐形成了一个系统化的治理政策体系。中国在1956年就出台了涉及大气污染治理的政策，即《关于防止厂矿企业中矽尘危害的决定》，但它是以社会主义制度下对工人权益的维护作为出发点而制定，其核心内容在于改善工人的室内工作环境，大气污染问题尚未进入正式的政策议程，具体的治理政策较为匮乏，处于政策设计的认知阶段。[⑦]

---

① Milliman, S. R. & Prince, R. (1989). Firm Incentives to Promote Technological Change in Pollution Control. *Journal of Environmental Economics and Management*, 17 (3): 247–265.

② Cooper, A., Levin, B. & Campbell, C. (2009). The Growing (but still limited) Importance of Evidence in Education Policy and Practice. *Journal of Educational Change*, 10 (2–3): 159–171.

③ Belden, R. S. (2001). Clean Air Act. American Bar Association.

④ Reitze, A. W. (2001). Air Pollution Control Law: Compliance and Forcement. Environmental Law Institute.

⑤ 刘向阳：《20世纪中期英国空气污染治理的内在张力分析——环境、政治与利益博弈》，《史林》2010年第3期。

⑥ 许建飞：《浅析20世纪英国大气环境保护立法研究——以治理伦敦烟雾污染为例》，《法制与社会》2014年第13期。

⑦ 王冰、贺璇：《中国城市大气污染治理概论》，《城市问题》2014年第12期。

20世纪70年代到2000年左右，中国的城市大气环境保护正式起步，开始法律化和标准化的政策制定。[①] 在此期间，逐渐形成了《工业“三废”排放试行标准》《中华人民共和国环境保护法（试行）》《环境空气质量标准》《工业窑炉烟尘排放标准》《火电厂大气污染物排放标准》《水泥厂大气污染物排放标准》以及《大气污染物综合排放标准》等政策。[②] 大气污染治理的专门法律《大气污染防治法》最早于1987年制定，对大气污染防治的基本制度以及各种污染源管制作出了具体规定，该法曾于1995年和2000年进行了两次修改。[③] 2014年2月22日，十二届全国人大常委会第十二次会议审议了《中华人民共和国大气污染防治法（修订草案）》，这是大气污染防治法制定27年来的第三次修订。21世纪以来，大气污染问题日益严峻，大气污染治理又经历了一个深化认知和政策提升的过程。从国家“十五”规划开始，大气污染防治的具体要求被纳入国家发展的约束性指标，并与考核、晋升等管理体制相关联。[④] 此后，中央和地方又相继出台了防治大气污染的专门性政策，如《大气污染防治行动计划》《关于推进大气污染联防联控工作，改善区域空气质量的指导意见》《重点区域大气污染防治的“十二五”规划》等。地方政府也相继出台了本地区的大气污染防治政策。在大气污染治理的实践中，最早于1996年制定了《环境空气质量标准》，对大气污染物及其浓度限值进行了规定。[⑤] 2012年对

---

① 冯贵霞：《大气污染防治政策变迁与解释框架构建——基于政策网络的视角》，《中国行政管理》2014年第9期。

② 郝吉明：《穿越风雨　任重道远——大气污染防治40年回顾与展望》，《环境保护》2013年第14期。

③ 李艳芳：《公众参与和完善大气污染防治法律制度》，《中国行政管理》2005年第3期。

④ 胡鞍钢、王亚华、鄢一龙：《“十五”计划实施情况评估报告》，《经济研究参考》2006年第2期。

⑤ 陈魁、董海燕、郭胜华等：《我国环境空气质量标准与国外标准的比较》，《环境与可持续发展》2011年第1期。

此标准进行了修订，重新规定了污染限制，并添加了对PM2.5等新型污染物的监测。中国各级政府更是利用《大气污染防治目标责任书》等政策技术手段来保障大气污染政策执行的有效性。[①]

第二，大气污染政策工具演变。从简单的中央指导性政策到具体的地方性实施政策，从针对单个污染物的防治政策到全面的综合污染防治政策，大气污染防治政策体系是一个不断完备的过程。按照治理策略和政策工具运用的不同，可以梳理出大气污染防治政策及其政策工具选择的发展脉络。在自上而下的治理环境中，国家对决策权力和资源高度垄断，缺乏社会内部的自我组织与自我管理，因而政府通过强制和命令对社会进行动员成为组织经济社会生活的基本方式。环境治理的早期主要采用行政政策和立法政策等强制手段，通过其确定性和可操作性，推动治污效果的有效达成，这也符合环境资源的不可逆特性下的公共治理需求（刘源远，2008）。然而，郑思齐（2013）认为传统环境政策也有许多弊端，如灵活性不足、激励性不够等，这为新治理工具的使用提供了契机。新环境治理建立在自愿和平等的基础之上，治理权力更加分散，呈现出一种自下而上的治理形态（秦颖，2007）。按照动员对象和约束方式的不同，可以将新环境政策分为两类：第一类是以市场原则为基础的政策；第二类是以自愿为基础的政策，即“环境自觉行动”（Voluntary Environment Initiatives）。相比于传统的环境政策，环境治理的政策形态更加丰富多样，逐渐形成了包括行政、法律、技术、信息、教育等不同类型的政策工具包，产生了第三方治理、污染税费、市场准入、行业自律以及自主治理等具体化的政策选择（张全，2011）。在发挥政策导向作用的同时，通过将环保观念内化为行为者偏好结构，使其具有长效作用（王蔚，2011）。但是，这种

① 林伯强、邹楚沅：《发展阶段变迁与中国环境政策选择》，《中国社会科学》2014年第5期。

以市场、信息和自愿为主要方式的政策工具依然受制于传统的管制型政策工具（王惠娜，2012）。这是因为环境作为一种具有最大公共性、难以分割性、难以衡量性的公共资源，在其受到破坏并引发公共治理的初期，政府的作用将远远超过市场和社团自治（Underdal，2010）。在国外发达国家，环境治理也极为依赖政府权威和强制性手段（OECD，2003）。中国的大气污染防治政策经过了行政控制、法律管控、综合防治、合作共治等发展阶段，政策工具逐渐多元化（冯贵霞，2014）。但根据实证研究，因为传统的行政强制手段具有确定性和可操作性，命令和控制政策的作用效果要大于经济激励和公众参与政策（郭庆，2014）。然而，环境规制也并非越严越好，而应在合理的强度区间，如果排污税费等规制强度过高，反而会损害到实体经济的发展，带来新的问题（王书斌，2015）。

（三）大气污染防治政策的研究主题与启示

第一，对政策文本的研究。对政策文本的研究主要有计量分析和比较分析两种路径。张永安（2015）对1988—2014年中国各部委发布的大气污染治理相关政策进行了计量梳理，分析了发布数量、政策类型及政策发布机构等方面的特征，发现“十一五”之后的政策数量快速增长，但主要集中在目标物来源解析和污染物测定上，经济激励政策不足，“通盘顶层规划”尚未形成，政策发布的协同不足。吕阳（2013）总结了欧盟国家治理“点源”大气污染的政策工具，并梳理了中国控制“点源”污染的政策体系，主要包括国家发展规划、法律法规、工业减排政策、科研与技术创新政策、财政税收政策等，但在针对性、创新性上仍有不足，有待进一步完善。程婷（2014）不但通过文本挖掘梳理了我国1982—2009年的政策文本，并基于政策的过程—组织—内容三维框架，分析了中国环保政策的价值特征及其演变，环保政策的价值追求从命令控制向经济激励转变，更加具有前瞻性，更加注重科技和福利。

除了计量分析，学者们也结合案例剖析、法律条文对比等方式深入挖掘政策文本背后的丰富含义。丁峰（2011）对比了1993年版和2008年版的《环境影响评价技术导则——大气环境》，分析了其中的修改更新内容及其应用意义。王宗爽（2010）、陈魁（2011）、何书申（2014）等分别对比研究了中国与国外的环境空气质量标准，分析了区别和不足，并提出修改建议。董洁（2015）结合新的环境空气质量标准，认为最新版的空气质量标准只实现了低水平的与WHO接轨，环境保护分区制度应以公众健康为首。胡苑（2010）从法学角度分析了《大气污染防治法》的修订，认为政府规制污染企业的单一化威权体制不符合现代社会公众参与和自我管理的要求，法律责任中重行政责任、轻民事责任也影响了法律效用。吕阳（2013）分析了欧盟控制“点源”污染的多样化政策工具，认为中国的大气污染防治政策体系应当予以借鉴。政策的执行和制度的运行能够通过政策文本加以体现。因此，发掘政策文本背后的丰富内涵是有意义的，值得深入研究（林尚立，2006）。

第二，对政策主体的研究。除了政策文本外，主体组织也是政策研究的重要议题，其中，政策主体的构成、作用发挥、网络互动是研究的重点。政策主体在政策过程中的权力和影响力不是一成不变的，核心决策权威的级别大小、利益群体影响政策的能力、社会力量进入政策议程的渠道等都会对其产生影响（赵德余，2012）。大气污染防治政策涉及众多利益主体，他们为了不同的目的而联合或对抗，呈现出复杂多变的关系状况，概括起来，学者们认为政策的制定和执行主体包括了各级政府机构及其官员、环保组织、企业、公民、传媒等。政策网络研究者们较为全面地注意到了不同的政策主体，并将之划分为不同的多元互动网络。冯贵霞（2014）认为广义的中央政府机构是大气污染防治政策的权力中心，构成起主导作用的政策社群网络；排污企业作为生产者网络和地方政府作为府际网络是政策执行的关键主体；环保专家、学者、技术联盟构成的专业网络和公众、环保组织、媒体、国际组织组成的议题网络是政策进程的推动力量。尽管大气污染防治政策过程的参与主体众多，但其影响政策进程的能力和方式大不相同，主要体现在政治资本的差异、行动能力、观念、组织程度等因素（李瑞昌，2005）。

基于大气污染防治政策的多主体构成，不同的主体间关系及其互动都会对政策结果产生影响。学术界对大气污染防治政策主体间互动关系的研究主要集中在以下几个方面：其一，央地关系。即大气污染政策过程中中央政府和地方政府之间的互动关系。地方政府是环境治理的核心行动者，因为中央政府对地方政府的授权、监督、考核体系的错误与疏漏，导致地方政府和官员的晋升锦标赛，进而出现急功近利、短视、弄虚作假等政策变异行为（冉冉，2015；崔晶，2014）。其二，地方政府与污染企业之间的互动关系。学者分析了地方政府在多重目标导向下与污染企业之间既冲突又相互依赖的关系。由于利益共存和复杂人际关系的渗透，地方政府与污染企业之间形成了某种合谋，这也表明了经济发展的政治化以及政策过程的经济化，法团主义倾向及其不良后果不容小觑（蓝庆新，2015；王鹏，2014）。其三，政府内部关系。学者们主要研究了环境治理过程中上下级之间、不同部门之间的不兼容困境。上下级之间责任传递，却又存有合谋，部门之间权限分割，合作张力阻碍了政策执行（赵新峰，2014；贺璇，2016；王喆，2014；谢宝剑，2014）。其四，公民社会参与政策过程。这一部分将在下一段详细说明。

第三，对政策过程参与的研究。政策过程参与可以被分为政策形成过程参与和政策执行过程参与。因为下文还要对政策执行进行详细的分析，所以此处着重说明政策的形成过程，但政策形成过程与执行过程也可能相互交叉。在对中国政策形成过程的诸多经验和案例研究中，王绍光（2006）总结了社会力量参与政策议程的模式，认为关门模式、动员模式有所下降，内参模式、外压模式增多，此外还有上书模式、借力模式等，能够让专家学者、社会公众、传媒等力量发挥各自影响力进入政策过程。但是总体而言，中国公众的政策参与水平是中等偏下，大多数时候属于“接受型的政策参与模式”（史卫民，2012）。除了普通公众，媒体也在环境治理中担任了重要的角色。聂静虹（2009）研究了大众媒体在公共政策制定中的功效，认为能够完善决策机制、提高决策水平、增强决策效能。新媒体是媒体发展的重要形式，能够对政治舆论产生深刻影响，拓展政策互动渠道，提供了新的对话机制，但是也不免存在一些极端化、不稳定、盲目等弊端（王琳媛，2013）。环保组织在政策过程中的分量也在逐渐加大，但是在实践中，仍然面临着合法身份、角色定位、资源供给、专业能力等方面的挑战，总体而言，其独立发挥的作用有限（石国亮，2015）。传统的半官方社会组织社会公信力和动员能力在新时代下遭遇挑战，这不能不引起相关部门的反思和重视。实际上，这不仅与政府管理制度和管理能力密切相关，也与公民素养、组织特性紧密相连。社会组织要想拥有足够的吸引力、凝聚力、创造力，必须有资源供给、信仰供给、组织机构等核心要素的完备，这种淘汰和探索的过程，也是公民社会走向自治的必经路径。

第四，对政策评价和影响的研究。在知网上搜索“环境政策评价”，发现有很多相似主题，剔除掉“政策的环境影响”“生态环境评估”，将关注点集中于对环境政策本身的评价，包括了政策评价标准、政策绩效评估和政策效果述评等方面的内容。张颖（2006）、安丽（2008）研究了排污权交易政策的评价标准，认为市场投机程度、监督的有效性、环保产品创新速度和政策弹性是关键内容。张晓（1999）从政策成效、政策成本、环境库兹涅茨曲线等方面分析了改革开放以后的环境政策，认为环境政策应该兼顾有效性和可行性，并在保持稳定的情况下分阶段调整。姜林（2006）综合了均衡理论模型和暴露—反应模型，对北京市能源环境税政策开展了综合评价，认为在征收能源税的同时进行税制改革，才能够更好地促进可持续发展。于娟（2008）、李洁（2013）分别运用了数据包络法、模糊综合评价法以及各种综合评价模型对中国的环境政策进行了评估。另外，一些学者还研究了政策影响，有经济影响、健康影响、社会影响等方面。陈仁杰（2013）分析了复合型大气污染对 17 个城市居民的健康效应，并认为空气质量健康指数（AQHI）优于现行的 API 或 AQI，是一种有效的风险交流工具，能够更加准确预测和提示大气质量的健康影响。

二　政策执行研究

（一）政策执行的内涵

对于政策执行的概念，学者们有不同的认识。安德森（2009）认为政策执行（行政）是指“在一个议案成为一项法之后所发生的事情”，包括使“法”作用于目标群体并实现既定目标。Mazmanian 和 Sabatier（1983）给出了一个被广泛引用的定义，认为政策执行是贯彻政策决定，由政策决定界定所提出的问题，确立要实现的目标，并以多种方式建构执行的过程。这一过程通常都分为一系列的阶段：法令的通过、政策决定的输出、目标群体的依从、政策实际的影响、政策效果的感知、对政策法规的修正。这是一种传统的自上而下的线性政策过程的理解，此后也有学者把政策执行扩大到了旨在实现政策目标的公共部门和私人群体的行动。考虑到政策过程的复杂性，Peter Deleon（1999）直接将政策执行简单化为“政策期望与政策结果之间所发生的活动”，将政策执行的研究集中于“发生了什么”以及“影响执行发生的因素”。中国学术界从 20

世纪 90 年代开始关注公共政策执行问题，丁煌、徐湘林、陈振明、金太军等是其中的重要代表，丁煌最早于 1991 年在《中国行政管理》上发表《政策执行》，提出政府通过政策执行，完成既定目标的能力和效力，就是政策执行力。政策执行力通常是相对于政策有效执行的结果而言。与政策有效执行相对应的则是政策阻滞，指政策目标不能很好实现的情形，也称为“政策变通”“政策变异”。陈振明（2003）认为政策变通是政策执行过程中原则性与灵活性统一的表现，但只有“求神似、去形似”才是正确的变通，“只求形似、不求神似”和“不求神似、不求形似”都是对政策的歪曲。即当政策目标得到明确陈述时，基于民主理论、法规制定者的价值体系就具有较高的价值，在这种情况下，成功执行的正确标准就是忠诚于规定的目标。当一个政策没有明确的目标，对标准的选择就会变得困难，一些一般的社会规范和价值就会起作用（Matland，2004）。

（二）国外政策执行研究

西方公共政策理论的早期发展受到了不同社会思想的影响，经历了多个历史演进阶段。20 世纪 40 年代，受到行为科学的影响，公共政策研究开始走向理论化，有了比较系统和科学的研究范式（郭咸纲，2010）。重要标志就是德国社会学家、政治家马克斯·韦伯在对政策结构和决策机制进行分析时，提炼出了理性科层式的政策理论方式，构建起自上而下式的政策制定和执行体系（马克斯·韦伯，2010）。之后的政策执行研究范式仍然深受传统科层组织理论的影响，将政策作为官僚组织运作的构建，而不是将政策本身作为一个独立的研究对象。随着行为主义科学的进一步发展，哈罗德·拉斯韦尔和丹尼尔·勒纳在《政策科学：近来在范畴与方法上的发展》一书中，沿着政策的制定和执行过程角度，对政策研究方式和方法论进行了深入剖析，政策科学受到了众多学者的关注，拉开了西方现代公共政策理论研究的序幕（Lijphart A.，1971）。20世纪70年代，公共政策理论的研究边界和研究对象更加清晰，叶海卡·德洛尔主张应该对公共政策采用行为科学、管理科学等学科交叉的研究，使政策研究走向了科学化，政策研究的目标是促使政策转化为预期的效果（Bardach，1977）。此后，西方公共政策理论逐渐深化和融合，主要表现在三个方面：一是更加注重政策分析的模型化，逐渐引入了博弈论、系统论以及数理统计等研究方法（Karl von Clausewitz，2009）。二是政策分析与其他研究领域逐渐融合，特别是被引入到具体治理领域，例如环境、卫生、国防以及外交等，使公共政策理论更加多样化（Hill，1997）。三是更加关注政策制定和执行过程中的微观细节，例如政策价值、政策公平以及政策效力等问题（Rawls，2009；Wolff，2012）。

在公共政策理论演变过程中，政策执行研究逐渐发展成为政策分析领域的核心内容和主流。Saetren（2005）在对政策分析领域的论文梳理中发现，“执行”受到了学者们的广泛关注，是政策研究中成果最为丰富的领域。重要的原因在于政策理论研究者们一开始就意识到任何政策想要实现目标，都必须在现实中有良好的执行机制。实际上，政策执行理论一开始并没有那么受宠，它也经历了萌芽、发展和多样化的阶段。Jeffrey L. Pressman 和 Aaron Wildavsky（1973）较早地关注到了政策执行问题，通过美国华盛顿中央政府的政策如何在地方治理中失败的案例，实证地解释了政策执行与政策失败之间的关系。在政策执行理论发展的早期阶段，学者们更多重视对单一案例进行剖析，这时的政策分析更的地是作为一种目标而存在，即找到改进政策执行效率的路径，从而更好地实现政策目标（Parsons，1995）。这种以目标为导向的政策分析产生了一个困境，个案化的政策执行因素不具有普遍性，其改进政策执行效率的建议也不具有科学性，从而给政策执行研究带来了新的困境（Goggin，1986）。随着政策分析理论更多地作为一种工具来使用，即运用政策理论对具体政策进行分析，政策执行研究进入新的发展阶段，诸多的政策执行模型被大量引入，理论影响延伸到政治学和管理学等多个领域（Deleon，1999）。Mazmanian（1980）对政策执行进行模型化研究，使得政策执行从“暗箱操作”变为一个可以预测的透明过程，特别是依据政策执行过程可以科学地找到影响政策执行的多因素，这是政策执行理论研究的一大跨越。20 世纪 90 年代以来，政策执行理论研究进入多样化阶段，形成众多的研究路径和研究视角。从研究路径看，实现了从自上而下到自下而上，再到两种路径融合的取向（Thomas R. Dye，1992）；从研究视角看，形成了组织理论、政策网络以及倡议联盟等多样化的视角，这些视角由于缺乏一个核心脉络，导致政策执行分析陷入“无的放矢”的困境（Atkinson，1992；Hall，2000）。新近以来，受新制度主义影响，制度经济学派的制度分析工具日益引入到政策执行研究中，一方面通过政策执行分析来改进制度安排，重构能动者的激励机制；另一方面则通过有效的、多样化的制度安排来提升公共政策执行的有效度。随着多个研究视角的交叉，以制度分析为主要矛盾，融合了组织行为、政策网络以及利益博弈等多个视角的政策执行理论发展趋势已初见端倪（Ostrom E.，2007）。

国外政策执行的分析可以分为自上而下和自下而上两个分析路径。自上而下的分析路径认为政策制定者是主要的参与者和影响者，Sabatier（1980）是其中的代表人物，他提出 16 个影响政策有效实施的自变量，并将它们归为三大范畴：（1）问题的可控制性。即有效技术理论与科技的可获得性、目标群体行为的多样性、目标群体在总人口的比例、行为需要改变的幅度。（2）执行结构化的法规能力。即清晰一致的目标、正确因果理论的结合、财务资源、执行机构间与内部的阶层整合、执行机构的决策规则、执行官员的选拔。（3）影响政策执行的非法规变量。即社会、经济条件与技术、媒体对问题的关注、公众支持、选民团体的态度与资源、来自主权的支持、执行官员的承诺与领导。但这种自上而下的路径以政策为研究起点，忽视了政策制定者以及政策制定之初的政治考量等因素（Nakamura，1980；Winter，2003）。自下而上的分析路径主要强调大量操作层面的行动者，包括目标群体和服务的执行者。Lipsky（1980）的基层官员理论（street-level bureaucrats）认为基层官员所做出的决定、所确定的办事程序、所创造的用于处理不确定性和工作压力的方法，都会影响公共政策的执行。因此，政策制定者要考虑到基层官员在执行中的自主性，需要用各种办法来确保政策执行者的责任性（迈克尔·希尔，2011）。Hjern（1981，1982）的执行结构（implementation structures）认为政策执行始于一个政策问题，因此地方微观层面参与者的目标、活动、困境与联系会基于执行计划的需要而自动集结为执行结构，而并不必然与政策指令发生直接关系。执行结构中的行动者的目标和动机是多元的，因此，中央政策与地方环境的不适应是政策失败的原因。但也有学者认为自下而上的路径不适用于中央集权制国家，地方政府并没有政策制定的合法性基础，而中央政府制度化结构、资源等执行过程的建构作用不能被忽视（Linder，1987；Matland，1995）。综上所述，西方政策执行分析的自上而下途径以政策为研究起点，更加关注中央层面的变量；而自下而上途径以政策问题为起点，更加关注微观层面的变量。

（三）中国政策执行模式

西方国家的政策执行有自上而下、自下而上以及综合的三种路径。在中国，上下循环往复是政策过程的基本特征，这也意味着对中国政策执行的研究必须始终抱着一种综合性的视角，而不宜照搬西方理论进行上下切割（胡伟，1998）。叶敏（2013）总结了中国政策执行的典型模式,包括项目制、试点(示范)、运动式治理(政治运动)等,并建立了本土政策执行模式谱系,用以理解中国的政策执行过程。

项目制旨在解决中央集权的单中心与超大型国家的多地方、多层级和多部门之间的矛盾问题。项目制不仅体现了国家财税体系的变化,也反映出国家治理体制和治理技术的变化,有学者称之为"项目治国"(周飞舟,2012)。桂华(2014)认为项目制是税费制改革后农村公共产品的供给方式。折晓叶、陈婴婴(2011)通过涉农项目进村的过程展示了项目自上而下的运作过程。渠敬东(2012)将项目制上升为一种具有时代精神的核心社会机制,认为它可以与价格双轨制以及单位制相提并论。

"示范"机制与"试点"机制相关联,用以解决政策中的"点"与"面"的关系,而且都可以当作一种体制性的学习机制来考察。叶敏(2013)认为两者还有一个灵活的辩证关系,一般来说,试点成功了,这个点可以作为示范点;反之,如果示范失败了,也可以看成是一个试点。但试点更具有探索性,示范所展示的一般是比较成熟的经验。与"示范"意义接近的"典型政治""树典型"过程已经受到一些学者的关注,比如刘林平、万向东(2000)从多个角度解释了树典型这种做法的社会、政治和文化基础。冯仕政(2003)、董颖鑫(2009)等人所讨论的典型具有浓厚的政治色彩,并从意识形态的角度加以解释。韩国明、王鹤(2012)借助新农村建设中的村级个案,研究了政策执行的示范方式。熊万胜(2011)深入分析了农业产业化过程中的示范带动机制,包括它的可能与限度。

此外,胡象明(1996)将中国地方政策执行概括为"中央监控下的'点—面'模式"。龚虹波(2008)提出了"执行结构—政策执行—执行结果"的政策执行模式,该模式认为政策执行结构会影响到介入政策过程的主体，并最终对政策结果产生影响。李勇军（2012）认为从1949年至1978年的中国政策执行属于“自上而下推进、自下而上响应、压力层层叠加”的“推进与响应”模式。王亚华（2013）结合中国政策执行情况，提出“层级推动—策略响应”政策执行模式，认为在自上而下层层推动之下，基层政权组织策略性地完成上级政策任务，同时也契合当地实际和满足自身利益，其结果是上级的政策貌似在基层很快得到执行，而政策落实的实际情形在各地千差万别。薛立强、杨书文（2011）认为中国的政策执行具有三大特征：一是层级加压与重点主抓型体制架构特征；二是自上而下的政策执行过程；三是恰当的政策与高层的决心是政策执行到底的充分条件。郭小聪、李洪涛（2010）通过对个案的分析提出了政策执行的合作治理模式。

尽管中国政策执行模式多样，但是所有的政策模式都要涉及一个关键问题即政策动员，它是政策执行的重要手段，也是当代中国政策执行活动的基本特色（杨正联，2008）。政治动员模型也成为中国政策分析的重要模型（龚虹波，2008）。运动式执行（运动式治理）就是中国政策动员的典型代表，也是中国公共治理中一种特殊而又普遍的治理现象（黄科，2013）。王礼鑫（2015）认为中国政策执行机制是一种基于权威体制内的动员式模式，通过动员促进官吏更有效地执行政策。周雪光、练宏（2012）认为中国环境政策实施过程中存在着一个“上下级谈判模型”，并分析了“常规模式”与“动员模式”的执行机制在何种情况下会产生。此外，唐皇凤（2007）、蔡禾（2012）、周雪光（2012）、倪星（2014）从组织行为学角度解释了中国国家治理结构中“运动”是如何发生的，以及广泛的运动式治理又是如何走向常规化的。这一理论脉络对分析公共政策的运动式执行具有重大启发意义，然而因为研究学科和研究者视角的不同，关于运动式执行的概念仍然不清楚，多数学者从社会学角度对运动式执行的研究多是情境性的呈现，仍以单个案例静态地分析，缺乏理论抽象以及制度分析，忽视了“事件—过程”维度中的各种动态因素。因此，应当从更加系统和动态的角度，分析制度结构与政策运动式执行之间的逻辑关系。

（四）环境政策执行的研究视角

第一，不同学科视角下如何理解中国的环境政策执行过程。环境问题可以从不同的学科视角开展研究，除了环境科学外，法学、社会学、管理学、经济学都试图从各自的学科出发对环境问题的出现以及环境政策执行变异加以阐释，并逐渐自成体系，形成了环境法学、环境社会学、环境经济学、环境管理学等交叉学科。

环境法学认为环境问题的出现源于防治污染的法律体系不够健全，环境法律的模糊性和冲突性造成了多部门执行的困难，环境执法的监督力度不足，约束力弱以及“美日中心主义”的缺陷降低了环境法的可操作性（柯坚，2015；吴卫星，2014；王曦，2014）。

环境社会学关注环境与人类社会的互动关系，讨论影响环境的社会因素及结果，主要从社会结构、社会利益主体及其互动关系的角度分析环境问题。代表性的观点认为社会的发展变化带来社会结构、治理体制和价值观念的变迁，是环境恶化的重要原因（洪大用，2013；张玉林，2008）。

环境经济学以“外部性”“产权理论”“公地悲剧”等作为理论基础来分析环境问题，主要提倡以市场为基础的政策工具对社会环境加以规制，并提出了多种实践方式，如污染权交易、排污税费、新能源鼓励金等，发挥了一定的作用，并引起了环境治理模式的转型（陈健鹏，2012；杨洪刚，2009；李聪，2011）。

环境管理学关注环保行政机构的设置、职责权限划分以及机制运转，主要认为环保组织的权威缺乏和资源短缺降低了保护环境的能力，而行政机构的激励机制削弱了执行环境政策的动力（李侃如，2011；夏光，2008；Jahiel，1998；He，2012）。

此外，还有诸多学者从国际环境治理、环境外交等角度分析环境政策的执行，认为环境外交与国内政治的一致性决定了环境权威的实现程度，但也有人从“面子论”“阴谋论”的角度分析了国际社会对环境政策执行的影响（杨鲁慧，2010；范亚新，2011；黄全胜，2008）。

第二，不同理论视角下的中国环境政策执行。中国的政策执行研究始于20世纪90年代，研究范式主要以西方理论为主，但在引入和借鉴的基础上，也逐渐形成了一系列适用于中国环境政策执行分析的理论视角和分析框架。代表性学者有丁煌、陈振明、徐湘林、金太军等，并有一些经典的论文和著作出版，推动了中国的政策执行研究进程。

陈振明（2004）认为影响政策有效执行的因素包括政策自身因素、政策资源因素、执行主体因素、目标群体因素和执行手段因素等，比较全面地归纳了所有影响政策执行的因素。而其他学者们则通过对实践中案例的调查分析以及定量的数据模型分析，探讨了在政策实践中作用较大的有限关键因素。丁煌（2010）按照理论视角的不同，将政策执行研究分为：（1）组织分析视角。学者们以组织理论和官僚制为基础，讨论官僚组织内部因素如何影响政策执行，地方竞争和晋升锦标赛被认为是中国地方政府忽视环境治理的重要原因（周黎安，2007；Mei，2009）。而国内环境政治学的主流研究范式是“集权—分权”范式，这体现了地方分权化改革以后中央政府的“国家能力”与地方政府的自主权之间的对立关系，因而，有一些学者认为权威性体制是实现国家意图的有效手段，提出了“运动式执行”“国家项目”“国家试点”等中国化政策执行模式（王绍光，1993；周雪光，2012）。（2）制度分析视角。随着新制度主义理论的兴起，它的分析视角也被引入政策执行研究中来。主要是从制度设计影响人和组织的行为选择的角度，来解构政策执行出现变异的原因，并通过约束和激励等制度设计改变成本收益，影响行动者的行为选择，从而提高行动者行为的可预见性。在利益博弈分析的基础上，学者们认为“上有政策、下有对策”博弈策略取决于博弈规则，包括了绩效考核、监督、财政、追责等一系列制度构成（丁煌，2004）。环境规制的制度缺失也造成了企业逃避环境责任的行为时有发生（孙晓伟，2010）。（3）网络分析视角。随着环境问题的复杂化，政策执行已经超出单一行政机构范畴，多个层级、多个部门以及政府与社会的互动越来越多，因而构建网络理论，来分析关于参与者之间的联系与互动。但参与主体因为认知水平、信息传达的封闭性和有限性，也会影响到政策执行的有效性（丁煌，2004；冯桂霞，2014）。

此外，陈江（2007）从政策学习角度出发，认为技术学习、概念学习以及社会学习有利于改善政府、企业以及公众参与政策执行的行为，从而提高政策执行的效果。李后建（2013）利用面板数据证明了腐败会影响环境政策的执行。还有一些学者立足于田野调查，用个案研究法描述和解释政策执行过程，并从其他不同角度进行了分析（贺东航，2015；吴木銮，2009）。

第三，不同方法下的中国环境政策执行研究。中国环境政策执行研究始于对国外政策执行理论的引进，随着研究的增多，也形成了本土化研究体系。部分学者通过理论推演和案例分析开展定性研究，分析了环境政策执行的困境、理论框架、政策工具并提出了对策建议（冉冉，2015；李侃如，2011）。也有一些学者关注了具体某个领域或地域的环境政策执行，以案例研究为主的执行研究占据研究的主体，既有个案分析，也有多案例分析，但多数都属于通过描述性分析获得经验性或推演性结论，规范的案例研究不多。案例的来源有调查、访谈、资料收集等诸多方式，也有学者以案例或某一个具体问题为对象，根据数据和数理分析而进行实证研究（姚荣，2013；王亚华，2013；周雪光，2011）。

还有一些学者通过模型构建和实证研究等方法对影响环境政策执行的因素进行量化研究，讨论了地方政府竞争、外商投资、市场结构、政策工具乃至腐败等诸多因素与环境政策执行的互动关系（杨海生，2008；范群林，2013；邢雯，2011；李后建，2013）。

三　国内外研究的启示与不足

中外学者对中国政策执行的研究已经积累了较为丰硕的成果，如政策环境对政策执行的影响；政策资源、组织机构之间的利益冲突对政策执行的影响。尽管政策执行的影响因子研究也有一定的进展，但是“关键性”变量仍然没有确定，对重要变量的度量和假设的检验才刚刚开始，这应该成为进一步进行政策研究的重点。

与西方的政策研究相比，中国政策执行经验的研究仍然较少，缺乏对政策执行过程的深入调查，更多的是借助某些概念或理论分析政策执行中的问题，正如戈津对执行研究的评价“太少的案例，太多的变量”。此外，政策执行的研究更多地关注了政策失败，忽略了政策执行中成功的例子。而且与西方的政策执行研究相比，中国在分析框架和模型建构上存在很大差距，在理论建构上建树不多，系统性的分析框架尚不多见。柯高峰（2012）通过梳理环境政策的理论体现发现，环境政策分析作为新兴交叉学科，有待从基础性理论、应用性理论和实证性理论成果三个层面不断充实和完善其理论体系。一方面，中国国家治理结构与西方国家明显不同，政策执行过程必然受到治理结构的影响，因而会出现西方政策分析理论在分析中国问题时适用性不强的现象；另一方面，分析政策目标和政策结果的差距时，国内外学者们只关注了静态环境下的影响因素，但动态环境如何对政策执行过程和结果产生影响则关注较少。

就大气污染防治政策而言，在国家治理体制不变的情况下，政策执行效果仍然有很大差异，政策偏差出现的时间、领域、地方等因素值得更深入的比较动态分析过程。因此，应当在中国政策研究过程中提升本体论、方法论和认识论的自觉性，推动更多的经验研究，形成系统的本土研究体系（王礼鑫，2007）。

第三节 研究思路、内容与方法

一 研究内容

本书围绕大气污染防治政策，针对政策执行的过程开展四个方面的研究：大气污染防治政策执行的多案例探索性研究、大气污染防治政策执行的理论分析模型、大气污染防治政策执行影响因素的实证检验、大气污染防治政策执行的改进路径。

（1）大气污染防治政策执行的多案例探索性研究。在文献综述的基础上，提出“情境与行动者”分析框架，但“情境”的模糊性要求借助案例开展探索性研究。因此，本书通过政策文本搜索获取大气污染防治政策执行的典型案例，通过对案例的完整、详细描述勾勒出大气污染防治政策形成和执行的基本过程、重要阶段和影响因素。具体而言，主要通过以下几个部分完成：第一，典型案例的选择。利用政策分类方法，结合专家访谈，确定大气污染政策执行典型案例的选取，沿着“事件—过程”的逻辑思路完整地描述出这些案例发生的情境、过程、相关行动者以及结果，对案例进行深度分析和完整把握。第二，案例比较及其特征归纳。利用比较分析方法，对多个案例进行数理和总结，归纳出大气污染执行的阶段性特征，提炼出每个阶段影响政策执行的影响因素，为进一步提出理论模型、分析政策执行奠定基础。

（2）大气污染防治政策执行的理论分析模型。在文献分析和多案例探索性分析的基础上，构建一个解释中国政策执行的 EGSA 概念性分析框架。认为大气污染防治政策执行与政策形成、传达和执法、控制的整个过程息息相关，因此大气污染防治政策形成的环境支持度、政策传达的目标锁定状况、政策执行过程的制度系统和多主体行动者行为共同构成对政策执行结果的重要影响。在此基础上，对各影响因子进行分解和理论阐释，并提出了研究假设。

（3）大气污染防治政策执行影响因素的实证检验。首先，通过设计量表、开展问卷调查和部分访谈收集数据。其次，用结构方程模型对数据结果和数据关系进行检验，得到影响大气污染防治政策执行的重要因素和作用路径。在此过程中，注重对数据进行统计分析、信度效度检验，并对模型结构进行了修改和进一步拟合，最终得出关键影响因子和路径系数。最后，又引入案例分析，对模型处理结果进行应用性分析，深化和拓展了模型结论内涵，也验证了研究结果具有良好适用性。

（4）大气污染防治政策执行的改进路径。结合理论分析和实证检验结果，提出了大气污染防治政策有效执行的影响因子和作用路径，并对进一步改善大气污染防治政策执行提出了微观政策建议。

二 研究方法

（1）案例研究法。本书主要的经验事实都来自对案例的归纳和总结，通过对政策文本分析、政策过程的深度挖掘，完整描绘出大气污染防治政策执行的全图景，为理论分析提供了丰富的素材和证明材料，基于多案例的探索性分析框架为理论模型的提出奠定了基础。

（2）问卷调查和访谈法。本书主要通过问卷调查和局部访谈收集数据，通过设计问卷、问卷发放与回收收集了大量一手数据，为数据处理和模型检验提供了重要支撑。而在问卷调查之外，借助局部访谈，在案例选取、指标选择等方面进行了验证，补充了研究假设，提高了研究的实践针对性。

（3）制度分析法。制度分析法是公共管理研究的重要方法，它设定行为主体受到制度结构和多种制度因素的影响。本研究以“制度—行动者”理论为基础，将行动者作为分析核心，将制度、环境及目标等多个因素作为外在变量，形成了新的分析模型。将原有的制度分析与具体的政策环境和场景相结合，增加了制度分析的维度，并加入动态过程考虑，提高了分析结果的适用性。

（4）实证分析方法。本书从文献梳理和多个案例比较分析中提炼出执行大气污染防治政策的影响因素，提出了 EGSA 概念性分析模型。然后通过数理统计、模型处理等实证方法对模型和影响因素进行实证检验，量化分析结果又通过具体案例进行应用，将多种实证分析方法相结合提高了研究结果的可靠性。

三　结构安排与技术路线

根据本书的研究目标、内容、方法，形成了总体研究思路。详见图 1—2。

本书第一部分是提出问题，分析了研究的目的和意义，梳理了现有文献研究的不足，进行了理论基础的建构。本部分主要采用文献研究方法，章节安排为第一章和第二章。

本书第二部分是在文献研究的基础上提出了本书的分析框架：情境与行动者，这个分析框架是对既有政策执行研究理论模型的综合，但是框架具体内容需要进一步探索。通过对多个案例的深入剖析，提炼出影响政策执行的重要阶段和关键因子，为模型建构奠定基础。本部分主要采用探索性案例的研究方法，章节安排为第三章。

本书第三部分是在因子提炼的基础上，通过理论升华，将案例

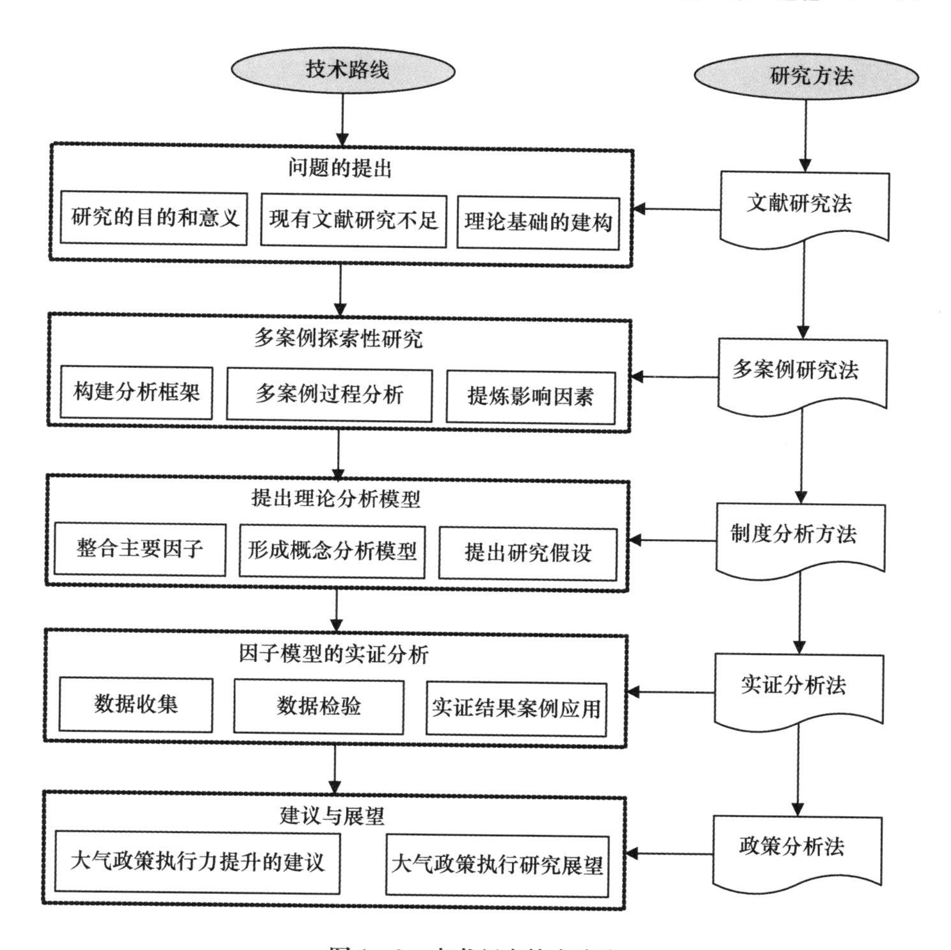

图1—2 本书研究技术路线

中提炼的影响因子整合为一个概念性分析模型，并对因子间的关系进行了结构性建构和理论阐释，在此基础上，提出了本书的研究假设和设计。本部分主要采用制度分析方法，章节安排为第四章。

本书第四部分是对分析模型的实证检验，通过问卷调查收集数据，用结构方程模型对数据进行了检验，修正和完善了模型设计，并得出了关键性影响因子的主要结论。然后又通过典型案例开展了应用性分析，对研究结论进行了深化和扩展。本部分主要采用了数据实证和案例验证的实证研究方法，章节安排为第五章、

第六章。

最后提出了完善大气污染防治政策执行的政策建议等主要结论，并总结了本书的创新点、不足与展望。本部分主要采用政策分析方法，章节安排为第七章。

第四节 相关概念的界定与运用边界

一 大气污染防治政策

大气污染防治政策是指国家在预防和治理大气污染的过程中采取的一系列调控和管理措施，它代表了一定时期内国家权力系统或决策者在环境保护方面的意志、能力和取向。大气污染防治政策有广义和狭义之分。广义的大气污染防治政策是指国家在保护大气质量方面的一切行动和说法，包括了相关法律法规、行政规章条例、标准、方针、原则及具体措施等。狭义的大气污染防治政策是与“法律法规”平行的一个概念，指在大气污染防治的法律法规之外的其他政策安排。本书采用狭义说法，这是因为狭义的“政策”通常会有政策目标、步骤、任务安排等政策执行要件，而“法律”则不尽然，法律通常是对某个领域和问题的宏观指导，可操作性较低，而本书选择将政策执行作为研究对象，必然要以能够转化为实践的狭义政策作为研究对象的范围划定。

除了广义和狭义的不同，大气污染防治政策按照制定机关层级的不同，可以分为中央政策和地方性政策，地方性政策包括省、市、区县乃至村级政策；按照治理对象的不同，有酸雨防治政策、汽车尾气防治政策、雾霾防治政策等。因为本书研究政策执行的一般规律及普遍性影响因子，因此，不对大气污染防治政策的层级和对象加以区分。但是需要指出的是，因为政策层级不同，政策执行的制度、财政、人事能力有较大区别，政策层级越高，越能得到中央和社会的关注，政策执行所需要平衡的利益主体和关系也就越多；政策层级越低，则相反。治理对象的不同可能会给治理技术带来挑战，酸雨和尾气防治已经得到了比较多的研究和规律把握，而雾霾本身的构成、来源、危害在科学认知上都还存在一定的争议，这也给政策制定的科学性以及政策执行的有效性带来影响。此外，雾霾问题的区域性、复杂性特征更为突出，这也给政策执行过程中的合作与沟通能力提出了更高的要求。

二 政策执行与政策有效执行

学术界对政策执行的界定尚无定论，阶段论者认为政策执行是“一个议案成为‘一项法’之后的事情”，属于公共政策的行动部分（安德森，2009；Mazmanian，1983；沙夫里茨，2011）。但也有学者给出了相对模糊的定义，Van Meter（1975）认为政策执行是指公共部门、私人群体为了实现既定政策目标而采取的所有行动。国内学者对政策执行的定义则更加清晰，陈振明（2004）认为政策执行是政策执行者通过建立组织机构，运用各种政策资源，采取解释、宣传、实验、实施、协调与监控等各种行动，将政策观念形态的内容转化为实际效果，从而实现既定政策目标的活动过程。这个定义符合国内学者的主流认知。因此，本书将政策执行界定为从政策议题到政策结果的中间阶段，政策执行是为了解决某个政策议题的活动全过程。这个概念界定打破了政策阶段划分，将传统的政策制定、政策传达、政策执行、政策控制、政策评估等环节都纳入研究范畴，综合考察影响政策执行的阶段和因素。

政策执行有政策变异、选择性执行等诸多政策结果（policy outcome）。但政策输出（policy output）是指政策执行中较好的部分与政策目标一致的程度。有时政策结果与政策自身诉求存在偏差，却也可能有意外的惊喜，这是不可预期性的“软政策执行”。[1] 本书所说的政策有效执行是以政策效果作为对政策过程的衡量，因此，选择政策输出作为执行结果，政策有效执行即是通过政策过程实现甚至超越政策目标的程度，在大气污染防治政策而言，政策的有效执行即通过政策过程有效改善大气质量的程度。

① 李元珍：《央地关系视阈下的软政策执行——基于成都市L区土地增减挂钩试点政策的实践分析》，《公共管理学报》2013年第3期。

第二章

大气污染防治政策执行研究的新框架：情境与行动者

传统的政策执行研究致力于寻找影响政策执行的变量，使得变量数量越来越多，反而给进一步厘清政策执行过程带来了困难。实际上政策执行研究应当逐步减少变量，寻找关键性变量，并整合关键性变量的结构。[①] 这种整合了的政策过程研究框架必须包含一系列的影响因素，能够解释现实政策过程，并以多个理论发展或者实践检验为条件而形成。[②] 因此，本书试图提出大气污染防治政策执行研究的新框架——情境与行动者，而在分析框架提出之前，需要对相关理论视角加以梳理和整合。因为政策执行的自上而下研究视角对政策特征关注不足，自下而上路径对政策主体的能动作用和互动过程关注不足，且两种分析路径都隐含了政策制定和执行的二分法，切割了政策过程各阶段的动态关联。[③] 基于此，本书综合关注大气污染防治政策

① Meier, K. J. (1999). Are We Sure Lasswell Did It This Way? Lester, Goggin and Implementation Research. *Policy Currents*, 9 (1): 5 - 8.

② Sabatier, P. A. (1991). Toward Better Theories of the Policy Process. *Political Science & Politics*, 24 (2): 147 - 156.

③ 姚华、耿敬：《政策执行与行动者的策略——2003 年上海市居委会直接选举的个案研究》，北京大学出版社 2010 年版，第 30 页。

过程中的行动者及其行动情境，这种情境包括政治因素、环境因素、政策因素和制度因素等。因此，本章对场域理论、模糊—冲突模型、制度—行动者及地方官员激励理论等进行梳理和总结，并在此基础上提出了本书研究的新视角和研究思路，构建起一个情境与行动者的分析框架。

第一节　场域理论

场域理论是社会学的经典理论之一，社会学家布迪厄在其著作《实践与反思：反思社会学导引》一书中将社会运行的分析从“群体”扩展到“场域”，他认为场域就是“位置间客观关系中的一个网络或者一个形构”，也就是它不是一般意义物理属性上的场域，它的内部有一种有意识的运行力量[①]。因此，场域是社会主体按照特定的内在逻辑共同建设的，是社会个体参与社会活动的场所，它既是一种隐形的符号象征，也是社会个体博弈所施加策略的客观场所。在社会生活中，存在着多种多样的场域，比如，教育场域、文化场域、宗教场域以及政治场域等。由于行动者的不断加入，以及场域成为一种稳定的“符号”，场域甚至呈现出“自主化”的特征，它逐渐摆脱其他场域的限制，成为一个相对独立的场域。社会学家库尔特·考夫卡从心理学角度阐释了场域的自主性，表明人们会依据场域中的信息、位置、关系、资源等情况进行行为调节。[②] 因此，布迪厄区分了“限定的生产场域”和“大规模的生产场域”两种类型的场域，前者是指与场域本身相关的特殊共同体，后者是指社会

① ［法］皮埃尔·布迪厄、华康德：《实践与反思：反思社会学导引》，李猛、李康译，中央编译出版社1998年版，第56—60页。

② ［美］库尔特·考夫卡：《格式塔心理学原理》，李维译，北京大学出版社2010年版，第36页。

场域的不断延伸和扩大。[①]

大气污染防治政策有效执行本身就是一个场域，政策执行过程中涉及不同的主体及其构成的关系、网络或者一个行动机制。在当前大气污染越来越严重的情况下，各类防治政策纷纷出台，这使治理场域的边界及其内外部关系也越来越明晰。政府、市场以及社会等各个主体围绕大气污染防治构建起一个政策执行场域，不同的社会主体在政策执行过程中扮演着不同的角色，他们会依据和判断这个场域中呈现出的关系特征，施展多种多样的行为策略。比如，当公众越来越意识到自己对大气污染的危害时，他们会降低污染行为，与此同时也会向政府施加治理压力；同时，政府作为一个场域中的能动主体，被动地也会主动地掌握公众的意见，并将其上升为政策议题，在此情形之下，地方政府的行动场域逐渐转换，从经济增长到生态环境治理，其在大气污染防治政策执行的策略也逐步调整[②]。随着时间的不断推移，大气污染防治政策的执行场域呈现出“自主化”的趋势，它既是一个特定的政策执行场域，又和外界其他场域联系在一起。由此可见，场域也是社会化的、能动化的情境，在这种情境秩序下，社会个体都会去判断和选择自己的行为和策略。

布迪厄的两大场域之“限定的生产场域”主要是指“生产是为了其他生产者即场域中的行动者和制度”。[③] 这揭示出行动者面临的重要场域之一就是制度，制度与行动者相互影响，构成了一个“相互依赖的场域”。制度主义学者理查德·斯科特由此提出了“组织场域”的概念，指出制度环境与组织结构构成了一个“组织

---

① ［法］皮埃尔·布迪厄、华康德：《实践与反思：反思社会学导引》，李猛、李康译，中央编译出版社 1998 年版，第 50—55 页。

② 崔晶、宋红美：《城镇化进程中地方政府治理策略转换的逻辑》，《政治学研究》2015 年第 2 期。

③ 李全生：《布迪厄场域理论简析》，《烟台大学学报》（哲学社会科学版）2002 年第 2 期。

场域”，它是官僚科层中各主体的行为逻辑。[①] 在这个组织场域中，权力关系、层级关系、资源供给—获得关系以及人事关系相互嵌合起来，且这些多重关系又嵌入到更大的场域之中。组织场域犹如一个“官场”，一旦单个主体进入其中，很快就能熟悉其中的规则并合理地界定自己的位置。中国大气污染防治政策执行主要依托行政科层，行政科层的整体情境构成了大气执行的基本场域。因此，大气污染防治政策执行主体的行为逻辑很大程度上取决于这个组织场域，取决于组织场域所构建起来的更宏观的情境。

那么，中国大气污染防治政策执行中组织场域构建起来的宏观情境包括哪些因素呢？按照制度主义的分析范式，主要包括两个方面：第一，大气污染防治的目标以及各行为主体如何分解这些目标，即基本场域；第二，围绕大气污染防治政策执行构建起来的制度环境与行动者场域，以及制度与行动者的结构化，即组织场域。如何来认识中国大气污染防治政策执行场域中的行动者呢？核心就是要结合“制度—行动者”的视角，特别是结合当代中国国家治理结构的基本特征，揭示出行动者的行动逻辑。因此，以下部分将结合模糊—冲突模型、制度—行动者理论来和地方官员激励理论，进一步构建起情境与行动者的分析视角。

第二节 模糊—冲突模型

模糊—冲突模型是用来说明政策执行目标是否清晰，目标清晰度的差异就会产生不同的政策执行类型。Matland（1995）对政策执行研究进行了全面梳理之后，认为要建立一个有效的政策执行分

---

① ［美］理查德·斯科特：《制度与组织——思想观念与物质利益》，姚伟译，中国人民大学出版社2010年版，第17页。

析模型，不仅需要罗列影响变量，而且需要详尽分析政策特征，区分政策类型，并要解答在哪些情况下，哪些变量会更加重要，以及它们之所以重要的原因。[①] 传统的自上而下研究多关注中央层面的政策，认为政策制定者是政策过程的核心行动者，因而，与中央决策保持一致是衡量政策执行结果的标准，这也就需要中央政策目标要清晰，一旦目标模糊，则有可能导致错误理解和结果的不确定性。自下而上研究认为政策的目标群体是政策过程的核心行动者，因此中央政策对地方环境的适应性成为影响政策结果的关键性因素，而政策目标群体之间的关系、互动与策略则可能带来政策冲突，导致政策失败。

Matland 提出了政策执行分析的模糊—冲突模型，用政策目标及手段的模糊程度和冲突程度构成了一个二维分析框架，进而区分了四种政策执行模式：行政性执行、政治性执行、试验性执行和象征性执行。如表 2—1 所示，政策执行过程中的冲突性和模糊性都较低的是行政性执行，此时政策执行的关键性影响因素是资源供给。冲突性和模糊性都较高的是象征性执行，政策制定者可能通过模糊政策目标来缓解冲突，此时政策执行的关键性影响因素是地方联合的力量的大小。当政策的冲突性较高，且模糊性较低，则政策执行的关键性影响因素是权力，即政策结果取决于政策制定者和推动者是否有足够的强权力推行政策，使政策得到实施。当政策的冲突性较低，但模糊性较高，有可能是政策目标和手段都不明确，此时政策执行是根据当地、当时情况而不断调整和适应的实验过程，因此，试验性执行的关键因素是不同的情境性因素。

① Matland，R. E. （1995）. Synthesizing the Implementation Literature：The Ambiguity-Conflict Model of Policy Implementation. *Journal of Public Administration Research and Theory*，5（2）：145－174.

表2—1 **模糊—冲突政策执行模型**

		冲突性	
		低	高
模糊性	低	行政性执行 关键因子：资源供给	政治性执行 关键因子：政府威权
	高	试验性实行 关键因子：情境状况	象征性执行 关键因子：地方执行联盟

资料来源：Matland R. E. Synthesizing the Implementation literature: The Ambiguity-conflict Model of Policy Implementation［J］. *Journal of Public Administration Research and Theory*, 1995, 5（2）: 145 - 174.

模糊—冲突模型受到了国内外政策研究学者的关注和应用，被用来对儿童福利政策、中国拉闸限电政策、公务员改革政策、养老政策等政策执行领域展开分析（Hudson，2006；竺乾威，2012；Chou，2003；胡业飞，2015）。此外，Molas-Gallart（2007）认为模糊—冲突模型是除了自上而下和自下而上之外的第三种路径方法。朱玉知（2013）借助模糊—冲突模型对中国环境政策执行模式进行了比较案例研究，对模型进行了进一步的修正和检验。

模糊—冲突模型阐述了目标清晰度和冲突度在政策执行中的作用，且依据目标清晰度和冲突度可以划分为不同的政策类型。由于目标的清晰度和冲突度不同，行动者在政策执行过程中面对的情境也不同，各种因素的关联状态也不同，政策执行主体的参与情况也不同，核心行动者的行为逻辑也不同。那么，如何才能很好地透视政策目标的清晰度和冲突度呢？即政策目标的清晰度和冲突度与什么因素联系在一起。政策分析理论和制度经济学理论表明，政策目标多由稳定状态的制度限定，制度限定了行动者的选择集合，也就给行动者设定了一个稳定的目标。

第三节 制度—行动者理论

一 制度的内涵及其重要性

行动主体行为对政策执行将会产生深远影响，那么，如何更好地剖析政策执行中利益主体的行为逻辑？大气污染防治政策执行过程中的各主体为什么不能形成有效的合作机制？如若要分析大气污染防治政策有效执行的影响因素，最为重要的就是把握和调整行动主体行为。在新制度主义学派中，一种制度—行动者的理论正在不断兴起和发展，由此形成了一种制度分析方法，这种理论为深刻地揭示行动主体行为提供了可能。

首先，什么是制度以及制度为何如此重要？在传统古典经济学理论中，理性经济人的行为逻辑出发点就是追求经济利益的最大化。新制度经济学认为，古典经济学对人行为的分析过于静态，制度环境对人的行为具有重要的影响作用（Ellen M. Immergut, 1998）。例如，公共池塘资源为何总是被过度使用？为了保证公共池塘能被充分地利用，最好的政策就是清晰地界定其产权，在交易成本为零的情况下，无论将产权界定给谁都将是有效率的（Coase, 1960）。制度经济学家认为公共产权的制度安排是行动者陷入集体行动的根本原因，私有产权将会为行动者提供充分的激励，使得行动者有动机采取可能措施最大限度地保护公共池塘资源（Demsetz H.，1967）。何为制度？制度包括正式制度和非正式制度，它约束和界定了行动者的选择集合（道格拉斯·诺思，1994）。理查德·斯科特（2010）认为制度包括为社会生活提供稳定性和意义的规制性、规范性和文化—认知性要素，以及相关的资源和活动。正式的制度包括法律、政策以及其他制度规则，它具有强制性，对降低交易成本和促进行动者合作具有重要作用，它能够稳定行动者的预期，从而降低行动者的行为主义行为（安德鲁·肖特，2003）。

丹尼尔·布罗姆利在《经济利益与经济制度：公共政策的理论基础》一书中，对制度的作用进行了综合分析，他指出制度具有四方面的作用：一是改善激励结构，提高生产效率；二是改变行动者收益，重新配置资源；三是重新配置经济机会；四是重新配置经济优势。这说明，制度是资源配置和经济利益交换的一个重要变量，为行为者提供经济激励。在一定制度环境下，如何使利益主体的目标函数相容是政策机制设计和执行的重要基础。在环境治理中，环境政策本身就是一种制度，它界定了不同行为者的收益和成本，从而塑造了不同利益主体在政策执行中的行为动机；反过来，行动者的行为将贯彻整个环境政策制定、执行以及终结的全过程，对行为者的激励和约束是决定环境政策执行的效率。

二　制度结构下的行动者策略

那么，制度是静止的或者行动者是被动的吗？制度是变化的，行动者在制度结构中具有能动性。培顿·扬在《个人策略与社会结构：制度的演化理论》一书中指出，制度具有自生性，制度的演化动态是永远不会停止的，它总是处于变动之中，不断塑造着行动者的个人策略和博弈结构。在这个过程中，随着制度本身的变迁和演变，能动者的行为也是变化的。与此同时，当能动者个体收益高于制度均衡的平均收益时，相对价格的变化也会引起制度的变迁，故而行动者不是被动的，它具有很强的能动性，能动者甚至可以推动一个强制性制度变迁。实际上，制度除了意味着社会效率、帕累托最优以及稳定性之外，还意味着分配效应，制度不是为了限制群体或者社会以努力避免次优结果而创设的，而是社会结果所固有的实际分配冲突的副产品，即是制度界定了经济利益，任何制度都会产生分配冲突和不公平，行动者总是倾向于执行有利于自己的制度，这种制度下的弱势行动者总是倾向于破坏这种制度规则。

另一个问题就是：是单一制度在发挥作用吗？制度是有层次和体系的，制度结构在更为广泛的层面影响着行动者的行为逻辑。道格拉斯·诺思、理查德·斯科特认为，制度结构就是影响经济绩效的所有规则及其内在特征，即是说制度具有结构性和层次性。

按照上述理论的内逻辑，环境政策具有很强的分配效应，它要求环境污染者调整生产和生活活动，要求政府提供环境保护类的公共产品，而这都意味着经济成本，这些主体都有可能卸责甚至是抵制这种政策的执行。在当代中国的各种环境政策执行中，合理地通过政策调节重新分配经济利益是其中最为重要的一个环节。此外，在环境政策执行中，除了政策本身具有的分配效应之外，一个具有结构性的制度系统对行动者行为也产生了影响。中国的环境污染为何如此严重？各种环境政策为什么不能执行？很多学者从更为广阔的制度结构阐述了行动者的逻辑。例如，杨海生指出中国的财政分权和基于经济增长的政绩考核体制，使地方政府当前的环境政策之间存在着相互攀比式的竞争，其目的在于争夺流动性要素和固化本地资源，而不是旨在解决本地区的环境问题，这是导致中国环境状况逐年恶化的主要原因之一。邓玉萍认为政治晋升和经济激励下的分权体制弱化了 FDI 的增长效应，地方政府对 GDP 的过度关注使得区域恶性引资竞争日益激烈，导致中西部地区经济增长陷入低效率的“纳什均衡陷阱”，其中最显著的问题就是环境问题。由此可见，行动者行为可以改变甚至是扭曲制度结构原本的内容和功能，导致某些具体政策得不到实施和执行。

三 制度与行动者关系的结构化

制度和行动者之间如何互动？社会学家 Archer 对社会系统中的结构进行了阐述，认为制度和结构之间具有内在的紧密联系。著名经济学家青木昌彦认为制度分析需要注意两方面的问题：一是制度安排的复杂性和多样性会导致多重均衡现象，这是制度分析的共时性问题；二是制度和多主体行为都是变化的，各种新的情况会不断出现，这是制度分析的历时性问题。[①] 制度就是参与人主观博弈模型中明显和共同的因素，当这些主观博弈模型所导致的行动决策未能产生预期结果时，一种普遍的认识危机便会随之出现，人们就会发现和创造新的主观博弈模型。由此可见，制度和行动者之间具有广泛的互动关系：一方面，制度安排会约束行动者的选择集合，从而使得多主体博弈实现某种均衡；另一方面，行动者会能动地把握外界因素，不断修正现有的制度模型，甚至创造出一种新的博弈结构。社会学家吉登斯提出了著名的结构化理论，他认为包含了制度规则在内的社会结构既是社会行动的平台，又是社会行动的产物，行动者参与社会结构的持续生产和再生产时，会创造、遵守规则，并利用各种资源，通过改变制度规则重新分配资源。[②] 著名社会学家汤姆·R. 伯恩斯在《经济与社会变迁的结构化——行动者、制度与环境》一书中提出了 Actor（行动者）System（制度）Dynamics（动力）分析模型（ASD 理论模型），ASD 理论模型重点在于揭示行动者和制度之间的关系，它既强调行动者在制度系统中的能动作用，也关注系统、制度、组织、社会关系的作用，且从治理场域或者组织场域的层面将更多的社会性因素纳入对行动者和制度互动过程的分析之中。[③] 随着理论研究的不断深入，“制度—行动者”的理论分析方式也在进一步扩展，这种分析框架显示出了较好的适用性。

---

① ［日］青木昌彦：《比较制度分析》，周黎安译，上海远东出版社 2001 年版，第 79 页。

② ［英］安东尼·吉登斯：《社会的构成》，李康、李猛译，生活·读书·新知三联书店 2000 年版，第 72 页。

③ ［瑞典］伯恩斯：《经济与社会变迁的结构化——行动者、制度与环境》，周长城译，社会科学文献出版社 2010 年版，第 43—50 页。

第四节 地方官员激励理论

在大气污染防治政策执行中，谁是最为重要的行动者？毫无疑问，在当代中国环境管理体制下，地方政府及其官员是大气污染防治政策执行中最为重要的主体。地方官员激励与地方政府治理理论是理解环境政策执行的重要基础，实现从只关注政策本身影响到关注更深层次的制度安排影响的研究转变，它有助于理解地方政府或者官员作为一个能动主体的策略和行为。那么，除了大气污染防治政策本身作为制度规则对地方政府及其官员具有激励和约束作用之外，还有哪些因素影响着地方政府及其官员的行为逻辑？

一 地方官员激励机制

20 世纪 90 年代以来，学术界一直在努力试图从经济和治理制度角度来理解中国的经济增长，构建起了一条解释中国经济增长的政治经济学路径，其中一个最为重要的价值取向就是从政府官员激励和地方政府治理角度出发。那么，哪些制度安排为地方官员提供了发展经济的强大激励呢？一是地方政府间的竞争制度安排。晋升锦标赛作为中国政府官员的激励模式，经济绩效也就成了干部晋升的主要指标之一，当上级政府提出某个经济发展指标，下级政府就会竞相提出更高的发展指标，出现层层分解、层层加码，它是中国经济奇迹的重要根源。[①] 也就是说，政治锦标赛体制是中国政府官员的一种压力性激励范式与不容选择的政治生态，它对地方官员的激励产生了深远影响。[②] 二是财政分权的制度安排。Qian & Wein-

① 周黎安：《中国地方官员的晋升锦标赛模式研究》，《经济研究》2007 年第 7 期。

② 陈潭、刘兴云：《锦标赛体制、晋升博弈与地方剧场政治》，《公共管理学报》2011 年第 8 期。

gast从财政分权的角度来解释20世纪90年代中国的经济增长，他们认为经济分权在制度系统中构建了一种良性的竞争机制，从而有利于经济的高速增长。[①] 沈坤荣等利用省际面板数据（Panel Data）对中国财政分权制度演化与省际经济增长的关系进行实证检验，研究结果显示，财政分权可以促进经济增长。[②] 三是与地方政府竞争、财政分权相关的其他制度安排，包括压力型制度、软约束制度等，这些制度共同构成了一个制度结构，为地方政府及其官员提供激励。

二 激励机制对地方环境治理效果的影响

有学者认为转型期地方政府所面临的相对“软化”的制度约束环境导致其产生激励变异；缺乏微观主体有效监督和约束的上下级政府间直接的委托——代理关系导致其产生代理变异；“准联邦式”政府间竞争强化和放大了地方政府上述行为的变异程度。[③] 在地方官员“为增长而竞争”的格局下，官员政绩诉求将导致地方政府过分追求短期经济增长，忽视教育、卫生、环保等民生问题，进而形成环境规制政策“软约束”。[④] 因此，当代中国治理结构中隐匿的激励机制不仅促成了经济增长，也是诸多社会冲突的重要根源。比如，李连江和欧博文（Lianjiang Li、Kevin J. O’Brien）在分析中国底层农民抗争时发现，农民选择“依法抗争”的主要原因是国家政府内部发生的有利于地方自利化的分化，农民高度认同中央政府权威，对地方政府治理过程中的偏差行为不满。[⑤] 为了促进经济增长，

---

① Qian, Y. & Weingast, B. R. (1997). Federalism as a Commitment to Perserving Market Incentives. *The Journal of Economic Perspectives*, 83 - 92.

② 沈坤荣、付文林：《中国的财政分权制度与地区经济增长》，《管理世界》2005年第1期。

③ 李军杰：《经济转型中的地方政府经济行为变异分析》，《中国工业经济》2005年第1期。

④ 于文超：《环境规制的影响因素及其经济效应研究》，西南财经大学出版社2014年版，第82页。

⑤ Kevin, J. (2006). O’Brien, Lianjiang Li. *Rightful Resistance in Rural China*. Cambridge University Press, 1 - 10.

地方政府依靠行政权力过度地攫取资源，利用效率不高导致了资源要素高度开发，而经济利益分配不均衡又产生了严重的社会不公平。[①]

在环境政策执行领域，地方官员激励机制同样是导致环境污染和环境政策执行目标落空的重要原因。实际上中国式财政分权也存在负面效应，地方政府为了追求经济增长而忽略了环境保护职能，进而使环境质量趋于恶化主动降低环境保护门槛与环境规制力度，甚至为企业的违法排污行为提供“保护”。[②] 压力型体制和经济增长竞争导致地方政府在环境保护中激励不足，由于环境保护和治理与官员晋升间缺乏内在联系，特别是在指标设置、测量、监督等方面存在着制度性缺陷，地方官员通过操纵数据作为环境治理的手段，中国在经济高速增长的同时也出现了严重的环境污染危机[③]。孙伟增等通过来自86个城市的数据研究表明，官员过度追求以经济增长为主的晋升激励指标，在经济飞速发展的同时，环境污染和能源消耗也愈加严重，并指出应当将环境质量作为地方官员考核的重要指标，促进地方政府及其官员有主观动机执行环境保护政策。[④]

第五节　情境与行动者分析框架

一　线性政策分析框架

传统的政策执行分析有两种思路，一种是线性模型，将政策执

---

① Chen, Z. & Sun, Y. Z. (2011). Entrepreneur, Organizational Members, Political Participation and Preferential Treatment: Evidence From China. *International Small Business Journal*, 3: 1 – 17.

② 郑周胜：《中国式财政分权下环境污染问题研究》，硕士学位论文，兰州大学，2012年。

③ 冉冉：《“压力型体制”下的政治激励与地方环境治理》，《经济社会体制比较》2013年第3期。

④ 孙伟增、罗党论、郑思齐等：《环保考核、地方官员晋升与环境治理——基于2004—2009年中国86个重点城市的经验证据》，《清华大学学报》2014年第4期。

行视为一种按照时间顺序排列的阶段性过程；将政策执行过程进行分解，形成串联的政策循环，这种方法被称为教科书式的、阶段启发式或政策循环式。[①②③] 尽管政策阶段划分有六阶段式、七阶段式等诸多研究[④]，但是最重要的三个阶段是政策议题形成、政策的传达与分解、政策的执行与评估。Van Meter 根据线性分析思路，提出了影响政策执行的六个变量：政策目标和执行标准的清晰性；政策执行过程的资源供给状况；组织合作与沟通状况；政策执行的行政组织机构状况；政策执行的外部环境；政策执行主体人员的状况。因素间的关系如图 2—1 所示。[⑤] 尽管线性政策分析模式有利于深入考察政策的某一个阶段，或者将周期性案例或多个案例开展比较研究，但是政策研究者常常将政策阶段分割，使得政策阶段研究脱节而又分散。

二 块状政策分析框架

与政策分析的线性思维不同，许多政策研究者关注了政策的开始和结果，而将中间的过程视为不确定的“黑箱”，并提出了多种分析模型，这种政策分析思路是非线性的或者说是块状的。[⑥] 这种分析思路着重关注了政策执行者的理性和认知对政策执行的影响。

---

① Nakamura, R. T. (1987). The Textbook Policy Process and Implementation Research. *Review of Policy Research*, 7 (1): 142 – 154.

② Mazmanian, D. A. & Sabatier, P. A. (2000). A Framework for Implementation Analysis. *The Science of Public Policy: Policy process, part II*, 6: 97.

③ Jann, W. & Wegrich, K. (2006). Theories of the Policy Cycle. *Handbook of Public Policy Analysis*, 43.

④ Birkland, T. A. (2014). An Introduction to the Policy Process: Theories, Concepts and Models of Public Policy Making. Routledge.

⑤ Van Meter, D. S. & Van Horn, C. E. (1975). The Policy Implementation Process a Conceptual Framework. *Administration & Society*, 6 (4): 445 – 488.

⑥ 冉冉：《中国地方环境政治：政策与执行之间的距离》，中央编译出版社 2015 年版，第 13—18 页。

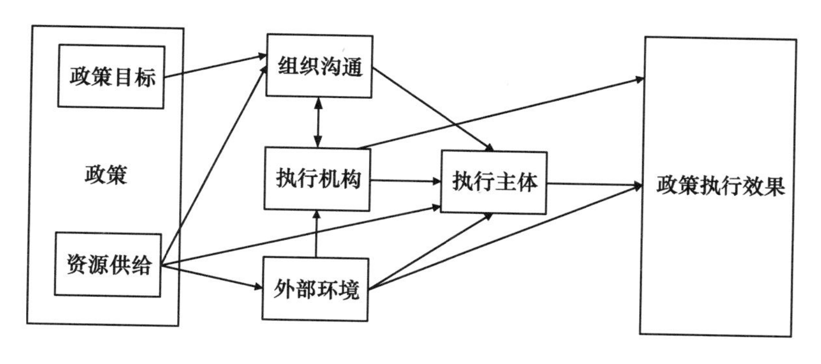

图 2—1 政策执行过程模型

资料来源：Van Meter D. S. , Van Horn C. E. The Policy Implementation Process a Conceptual Framework［J］. *Administration & Society*, 1975, 6（4）: 445－488。

Kingdon 以垃圾桶模型为基础，提出了问题、政策与政治三个最重要的影响模块，问题的优先性、政策参与人员的流动性、治理技术的不确定带来了政策执行的情境性模糊。[①] 政策制定者对政策具有偏好差异，决策人员的流动性导致目标和投入精力持续性降低，而治理技术和方法的更新导致决策过程的多重矛盾。块状分析模式尤其关注了政策执行过程的参与者：官僚组织和利益相关者。对官僚组织的研究主要围绕组织运行逻辑和认知行为能力展开。以委托—代理和理性选择为基础的分析假设认为官僚组织和人员都是自利的，行动过程中具有经济理性，会按照自己的利益需求和资源偏好来解释和执行被政策制定者委托的政策。精英主义学派认为权力精英支配政治过程，上层权力网对政策过程具有多种控制力[②]。官僚组织不仅追求利益最大化目标，还有其他多重目标。[③] Spillane 认为政策执行机构不是对政策内容进行表

---

① Kingdon, J. W. （1995）. The Policy Window, and Joining the Streams. *Agendas, Alternatives, and Public Policies*, 172－189.

② Dahl R. A. （1961）. The Behavioral Approach in Political Science: Epitaph for a Monument to a Successful Protes. *American Political Science Review*, 55（4）: 763－772.

③ ［美］唐斯：《官僚制内幕》，郭小聪译，中国人民大学出版社 2006 年版，第 29 页。

面化解读，而是一个综合、互动的深化解读过程，这与执行机构中每个个体的知识、文化、态度、信仰息息相关。[①] 如表2—2所示，执行主体对政策的理解和解读具有三个层次，分别反映了个人的认知水平、具体情境和政策信号深意。

表2—2　　　　政策执行解读的三个层次

政策执行解读	解释
个体式解读	政策执行主体根据个人的知识、能力、经验、信仰对政策进行解读和执行
情境式解读	政策执行主体根据政策出台的前因后果等情境因素对政策进行解读和执行
政治意义解读	政策执行主体基于个体、情境认知和政策信号的政治意义解读开展政策执行

资料来源：Spillane J. P.，Reiser B. J.，Reimer T. Policy implementation and cognition：Reframing and refocusing implementation research ［J］. *Review of Educational Research*，2002，72（3）：387－431。

当然，除了官僚组织外，利益相关者也是块状分析模式的主要研究对象。在西方选举制国家中，各种利益团体能够统归对选票的影响而形成“压力团体”，从而对政策议题和过程施加影响[②]。此外，在多元社会中，决策权力分散，公民社会的力量能够组成政策议题组织，对政策过程产生影响。Schwarzmantel认为，在威权政体中，国家是最强势的政策主体，因而其他利益集团作用微弱，对政策过程的影响非常有限。这得到了国内一些学者的认可，但同时也造成了中央与地方治理权之间的冲突，对威权中央核心产生了威胁。[③]

① Spillane，J. P.，Reiser，B. J. & Reimer，T.（2002）. Policy Implementation and Cognition：Reframing and Refocusing Implementation Research. *Review of Educational Research*，72（3）：387－431.

② Schumpeter J. A. Theoretical problems of economic growth ［J］. *The Journal of Economic History*，1947，7（S1）：1－9.

③ 周雪光：《权威体制与有效治理：当代中国国家治理的制度逻辑》，《开放时代》2011年第10期。

三 情境与行动者分析框架

在上述理论分析的基础上可以发现，线性分析框架和块状分析框架各有优劣，也有较大差异。本书试图将两个分析范式加以综合，提炼出影响大气污染防治政策执行的关键因子，挖掘因子间的结构性关系，从而能够更好地分析和应用于政策执行。

线性分析框架的主要缺陷是将政策制定和政策执行割裂，并且没有考虑到政策执行过程的复杂性，忽视了执行主体之间的各种交互行为。[①] 块状分析框架同样忽视了政策过程的连续性，政策制定和完善的过程往往是在从中央到地方不断细化和再规划规程中实现的。[②] 因此，可以认为政策制定和政策执行是一个连续并相互交叉的过程。

基于以上分析，本书借鉴线性分析框架将政策过程纳入一个整体的分析框架，并将政策制定和政策执行阶段融合。同时也借鉴块状分析框架，重点关注政策执行过程中行动者的交互行为和互动关系。因此，本书以行动者为中心，按照政策阶段全面梳理影响行动者和政策执行的因素，并将这些影响因素的组合状况命名为"情境"，情境的基本构成除了各种理论模型提到的因素外，还需要通过进一步探索，本书将在第三章展开探索性案例分析，并在第四、五、六章对分析结果进行检验。

总而言之，本书认为行动者处于政策执行的核心，情境性因素会对行动者行为和政策执行结果产生重要影响，情境性因素的构成十分复杂，甚至行动者本身也处于大范围的情境之中。

---

① Hjern, B. & Hull, C. (1982). Implementation Research as Empirical Constitutionalism. *European Journal of Political Research*, 10 (2): 105 - 115.

② 贺东航、孔繁斌:《公共政策执行的中国经验》,《中国社会科学》2011年第5期。

第六节 本章小结

本章梳理了能够解释大气污染防治政策执行的四个理论模型：场域理论、模糊—冲突模型、制度—行动者理论以及地方官员激励理论，四个理论模型由大到小，分析了影响政策执行的重要模块。在此基础上，总结了对政策执行分析的两种思路和框架：线性分析框架和块状分析框架，通过对这两种分析框架进行批判和借鉴，提出了本书的情境与行动者分析框架。该分析框架借鉴了诸多理论模型，但是分析框架的基本构成有待于进一步展开分析和检验。

第三章

多案例探索性研究

情境与行动者分析框架的提出既能够借鉴传统线性分析框架和块状分析框架的核心思想，又能够弥补其不足。但是，政策情境的主要构成及其对行动者的影响有待于补充和完善。即情境性因素包含哪些，行动者因素又包含哪些？这些因素如何嵌入在大气污染防治政策之中？又如何通过对大气污染防治政策的执行把这些因素提取出来？因为“情境”的未知性，为了防止先入为主的主观随意解构，本章采用多案例的探索性研究，基于案例全过程和全阶段的剖析，有利于提炼和把握关键因子，案例的多样性也保证了分析结果的可靠性。因此，本章选取多个不同类型的大气污染防治政策执行的典型案例，通过对政策形成、政策分解、政策执行和政策结果等多个环节的详细分析，并开展跨案例比较分析，梳理影响中国大气污染防治政策执行的关键性环节和重要因子，为理论分析模型的提出奠定基础。

第一节　研究方法介绍与案例选取

一　案例研究的可行性

国内外学术界对政策执行的理论研究纷繁复杂，自上而下路径和自下而上路径都有众多的支持者，从 20 世纪 80 年代开始，以戈津等人为代表的第三代政策执行研究试图将两种路径整合为一种“更为科学”的研究体系，构建一个包括所有变量的模型。[①] 但理论整合难度颇大，平衡派想要兼顾两者的努力却又被认为不伦不类，甚至使政策执行研究陷入了进一步发展的困境。[②③] 认为现有的政策执行研究“变量太多、案例太少”。有限的政策执行实证研究因为研究方法和对象的差异性不可避免地给研究结果镶嵌上片面的个性化特征，难以加以提炼而直接运用于大气防治政策。再加上中国特有的政治体制与文化，对中国大气污染防治政策执行的研究需要扎根本土的案例过程，探究政策执行始末，才能了解中国政策执行的特殊性。尤其是，本书基于文献梳理提出的情境与行动者分析框架需要分解和补充。这也是因为当我们面对一个研究较少的问题或者要从一个全新的角度切入，案例研究是非常有用的方法[④]，同时又能够对统计研究形成补充。[⑤⑥⑦]

案例研究根据其目的的不同，可以分为探索性案例研究和验证性案例研究，而根据所掌握理论的多少，探索性案例研究分为完全探索性案例研究和局部探索性案例研究。[⑧] 验证性案例研究主要回答“为什么”的问题，而探索性案例研究则要回答“是什么”“如何”“为什么”，适用于对大范围逐渐聚焦的研究过程，除了要

---

① ［英］迈克尔·希尔、［荷］彼特·休普：《执行公共政策——理论与实践中的治理》，黄健荣译，商务印书馆2011年版，第86—90页。

② E. Edward Peck & Perri 6. (2006). *Beyond Delivery: Policy Implementation as Sense-Making And Settlement*. New York: Palgrave Macmillan, 10－11.

③ Goggin, M. L. (1986). The "Too Few Cases/too Many Variables" Problem in Implementation Research. *The Western Political Quarterly*, 328－347.

④ Eisenhardt, K. M. (1989). Building Theories from Case Study Research. *Academy of Management Review*, 14 (4): 532－550.

⑤ Elmer, M. C. (1939). Social Research. Prentice-Hall, Incorporated, 122－123.

⑥ Gee, W. (1950). Social Science Research Methods. New York: Appleton-Century-Crofts.

⑦ Lundberg, G. A. (1926). Case Work and the Statistical Method. *Soc. F.*, 5: 61.

⑧ 苏敬勤、崔淼：《探索性与验证性案例研究访谈问题设计：理论与案例》，《管理学报》2012年第10期。

识别关键概念，还要关注要素及要素之间关系的构建、验证及机理解释。描述性案例分析是为了准确描述并揭示某种新问题和新现象；而探索性案例分析则是为了挖掘新理论或证实新理论（见表3—1）。

表3—1　　案例分析类别划分

类别	过程	目的
描述性案例分析	翔实的案例描述	准确描述并揭示新问题和新现象
探索性案例分析	基于研究思路的案例分析 理论升华 理论构建 检验、补充或修正理论	证明理论框架的存在性/有效性 提出新理论 证实新理论

资料来源：苏敬勤、崔淼：《探索性与验证性案例研究访谈问题设计：理论与案例》，《管理学报》2012年第10期。

显然政策执行理论已经有了自成体系的分析框架和理论渊源，但是本书的研究对象是全新的“中国”和“大气防治政策”，研究视角是理论综合而成的“情境与行动者”，对于这种现实背景复杂、内在结构模糊的研究过程，采用多案例探索性研究不仅能够从事实案例中开展经验主义分析，获取其他研究手段难以获得的经验知识，还可以深入分析多因素之间的复杂关系，满足构建新理论为目的的研究需要[①]。因此，选择对案例的局部性探索研究作为研究方法不失为一种有效的研究路径。

二　案例选取

案例选取是案例研究的起点，决定了研究的走向和结果，选择

① Yin, R. K. (1989). Case Study Research: Design and Methods, Revised Edition. *Applied Social Research Methods Series*, 5.

什么样的案例、选择多少案例、如何将案例的经验证据与理论假设之间建立符合逻辑的联系，以实现理论与经验的有效对话，关乎案例研究的成败。因为案例研究的样本容量有限，随机抽样不可行，非随机抽样就有可能带来案例选择偏差，如何进行方法论理性的反完美主义有限选择成为关键。[①] Yin 提出了单案例研究和多案例研究的区别，即理论的“一阶抽象”是否具有收敛性。虽然单案例能够更好地保证研究的深度，但是 Eisenhardt 极力推崇多案例研究，因为多案例能够反映研究问题的不同侧面，并通过重返往复检验研究假设，从而提高研究信度，有利于形成更加完整和可靠的结论。[②] 因而，多案例研究比单案例研究更加可靠，有利于探索问题的多样性，并提高普遍性意义，对于“稳定关系下发生概率”的预期也更容易与定量研究相结合。[③] 因为本书试图从大气污染防治政策执行的现象中寻找规律，政策执行本身牵扯到多层级、多地域、多主体，现象的复杂给理论研究本身带来难度，因此，本书适宜选择多案例分析，探究规律和模式，深入理解政策执行在中国环境下的稳定关系及不稳定条件。

对于多案例的选择，Przeworski、Teune 提出了“最相似体系设计”（Most Similar Systems Design，MSSD）和“最不同体系设计”（Most Different Systems Design，MDSD）两种研究方法，而为了弄清研究对象尽可能多的特征，最相似体系设计成为最优案例选择，尤其是以区域为基础的研究。[④] 尽管现有的多案例研究也有多种选择标准，如有学者将造成政策实践偏差的变量分为基础性偏差和执行

---

① 王丽萍：《比较政治研究中的案例、方法与策略》，《北京大学学报》2013 年第 6 期。

② Eisenhardt，K. M. （1991）. Better Stories and Better Constructs：The Case for Rigor and Comparative Logic. *Academy of Management Review*，16 （3）：620 – 627.

③ 黄振辉：《多案例与单案例研究的差异与进路安排——理论探讨与实例分析》，《管理案例研究与评论》2010 年第 2 期。

④ Teune，H. & Przeworski，A. （1970）. The Logic of Comparative Social Inquiry. *New York*，*John Wiley & Sons*，32 – 33.

性偏差两种类型。[1] 魏姝以洛伊的政策分类框架为基础，将政策执行案例分为分配政策、构成性政策、再分配政策和规制政策四类进行分析。[2] 朱玉知根据模糊—冲突模型，构建了政治性执行、行政性执行、实验性执行和象征性执行四个概念性分类，并选取了四个案例加以分析。[3] 刘鹏根据政策执行方式的公开程度将政策变通分为政策敷衍、政策附加、政策替换及政策抵制四种类型。[4] Yin 提出了多案例分析的四种模式：类型匹配（Pattern-Matching）、解释建构（Explanation-Building）、时间序列分析（Time Series Analysis）、项目逻辑模型（Program Logic Models）。[5]

本书是半结构化探索性案例研究，通过第一、二章文献综述和理论基础的理论建构，已经初步构建起中国大气防治政策执行的分析框架，为了能够更加深入理解中国的政治过程，以及不同政策执行过程的区别，本书聚焦北京及其周边地区，依照时间序列选取污染企业搬迁、京津风沙治理、“APEC 蓝”、京津冀一体化治污四个案例。根据洛伊的模糊—冲突模型，这四个案例也可以分别被归类为行政性执行、象征性执行、运动性执行、实验性执行。这是因为这一地区的政策案例囊括了中央、省、市等不同行政级别的政治权威，在全国范围内有较多的政策支持和实践经验，区域内部的差异性较大，也可能给案例观察带来新的观点。最重要的是，选择一个区域的几个不同案例，是在将本地区政治结构、区域发展、社会文

---

① 印子：《低保政策实践偏差形成变量的两种类型——兼评公共政策执行“农民参与”理论》，《中共宁波市委党校学报》2014 年第 1 期。

② 魏姝：《政策类型与政策执行：基于多案例比较的实证研究》，《南京社会科学》2012 年第 5 期。

③ 朱玉知：《环境政策执行模式研究》，博士学位论文，复旦大学，2013 年。

④ 刘鹏、刘志鹏：《街头官僚政策变通执行的类型及其解释——基于对 H 县食品安全监管执法的案例研究》，《中国行政管理》2014 年第 5 期。

⑤ Yin, R. K.（1989）. Case Study Research: Design and Methods, Revised Edition. *Applied Social Research Methods Series*, 5.

化等因素相对固化的基础上，更清晰地测度时间轴上政策执行的发展变化，以及不同政策执行案例中导致执行结果差异的因素。

但因为京津冀一体化治霾政策尚在进程中，政策体系尚不完善，执行有限，因而，本章将对污染企业搬迁、风沙源治理和“APEC蓝”三个案例进行分析，提取影响政策执行的关键性因子，并构建实证检验模型，通过实证检验后，在第六章对京津冀一体化治霾政策的执行进行应用研究（见表3—2）。

表3—2　　案例选择及主要范围

章节安排	案例	起止时间	涉及地区	模式
第二章 案例探索研究	污染企业搬迁	1985—2008	京津冀及周边地区	行政性政策执行
	风沙源治理	2000—2010	京津冀晋蒙	象征性政策执行
	“APEC蓝”	2014.11.3—11.11	京津冀晋鲁蒙	运动性政策执行
第五章 案例应用研究	京津冀一体化治霾	2014年至今	京津冀	实验性政策执行

资料来源：根据案例材料收集所得。

三　案例研究的步骤

案例研究方法的规范性需要对研究步骤进行严格控制，避免研究过程中的主观随意，而这些严格的程序和标准也能够用来评价一项案例研究的规范化程度。[①] Eisenhardt将案例研究分为研究启动、选择案例、选取研究工具、数据收集、数据分析、形成结论、文献比较、案例结束8个步骤。[②] Nisbet将案例研究分为开放式分析、重点突破、写作和检查四个阶段。Robert K. Yin的案例研究专著被

① 毛基业、张霞：《案例研究方法的规范性及现状评估——中国企业管理案例论坛（2007）综述》，《管理世界》2008年第4期。

② Eisenhardt, K. M.（1989）. Building Theories from Case Study Research. *Academy of Management Review*, 14（4）: 532－550.

翻译成中文，并多次出版，成为案例研究领域的指导教材。他认为案例研究可以分为研究设计、数据收集准备、数据收集、数据分析、形成研究报告五个阶段。毛基业、刘庆贤在总结国内外研究的基础上，认为研究设计方案、数据收集和数据分析是案例研究方法及其严谨性的关键步骤。[①][②] 对于这些关键步骤，有一些保证研究方法可行、可信的关键程序。如 Yin 认为在研究设计阶段，一个非常重要的环节是进行理论建构，这是案例研究方法与扎根理论、民族志方法的不同之处，在探索性案例的理论建构中，应当包括以下问题：①探索研究的对象是什么？②探索研究的目的是什么？③如何判断探索研究是否成功？Eisenhardt 又将多案例研究分为案例内分析（within-case analysis）和跨案例分析（cross-case analysis）两个阶段，在对案例进行整体性分析的基础上，再进行统一的抽象和归纳，从而得出更精准有力的描述和解释。[③] 借鉴 Dube（2003）的方法以及 Glaser（1968）、Corbin（2014）、Miles（1994）等学者的研究，以及毛基业（2008）的总结，本书选取研究设计、资料收集、资料分析作为三个关键步骤，同时研究过程尽可能按照所有关键程序的要求展开，以保证研究的规范性和严谨性。研究设计主要在第一章和第二章体现，而资料收集过程将不会出现在文本展示中，资料分析最终将以案例文本和总结文本的形式展现。案例资料的来源则主要有三种渠道，书籍、报刊、文献、新闻等分析和报道材料；相关地区环保部门和其他执法部门网站信息；以及出台的一系列政策、规划等文件。在此基础之上，还通过个人社交关系对当地部分工作人员、社会人员等相关人员进行了采访，并在政府网站

---

① 毛基业、张霞：《案例研究方法的规范性及现状评估——中国企业管理案例论坛（2007）综述》，《管理世界》2008 年第 4 期。

② 刘庆贤、肖洪钧：《案例研究方法严谨性测度研究》，《管理评论》2010 年第 5 期。

③ Eisenhardt, K. M. (1989). Building Theories from Case Study Research. *Academy of Management Review*, 14 (4): 532 – 550.

申请了政府信息公开，得到了一些较为重要的政策文件，收集到了翔实的材料，对案例研究过程的展开具有重要支撑作用。

第二节 行政性执行：污染企业搬迁

一 背景

20世纪70年代，北京率先建成了以基础原材料为主的工业框架，建设了首钢、燕化等大型重工业企业。80年代以后，随着北京的城市定位和规划的调整，以及大气污染等环境问题的出现，一些综合经济效益下降，尤其是对环境污染严重的工业产业面临着产业淘汰、升级或者转移的需求。以北京朝阳区为例，20世纪90年代初该区有中央（部）属工业企业155家，市属工业企业586家，是一个典型的以炼焦为主的化学工业区，在这里林立着的无数烟囱，严重地影响了北京的大气质量[①]。来自北京市经济委员会的统计数据显示，北京市规划的中心区面积仅占全市总面积的1.9%，却聚集了全市约56.8%的市属工业企业，多为高耗能、高污染型企业，大中型工业企业过度集中在中心城区是导致环境污染的重要原因[②]。这些高耗能、高污染的产业长期地限制着北京的发展，对居民的生产生活造成巨大消极影响，这成为北京推动企业搬迁政策的重要背景。

二 政策过程和内容

第一，在北京市层面推动企业搬迁。本阶段重点解决污染企业扰民问题，大气污染治理是其重要的目标之一。实际上，北京市工

---

① 赵记伟：《京企外迁寻路》（http：//finance. ifeng. com/a/20140502/12250039_0. shtml）。

② 吴坤胜：《为解决工业企业污染扰民问题，北京近百家工厂将迁出市中心》，《人民日报·海外版》2001年7月10日。

业企业向外搬迁早在1985年就开始了，但这一阶段主要是零星的、小规模的搬迁。20世纪90年代中期，北京市进入了有计划、大规模的调整阶段[①]。1995年，北京市环保局发布了《实施污染扰民企业搬迁办法》；1999年，北京市制定了《北京市推进污染扰民企业搬迁加快产业结构调整实施办法》；2000年，北京市颁布了《北京市三、四环路内工业企业搬迁实施方案》，规划市中心区内的工业用地比例降至7%。据统计，截至1999年，共有114家污染型企业外迁。20世纪90年代中期，北京市的大气污染形势越来越严重，于1994年正式开始了第一期大气污染治理工程，改善大气污染治理是推动企业搬迁政策的重要目标之一，重点是高耗能、高污染的工业产业或行业，例如，在北京市共有十二大化工产业，市内有大量市属化工企业，这对空气质量构成了极大威胁。

第二，在国家层面推动企业搬迁。本阶段重点为了实现奥运会环保承诺，保障奥运会期间的空气质量。2001年7月13日，北京市获得2008年奥运会主办权，但在申办过程中北京承诺大气质量要实现“北京蓝”，即市区内主要大气污染物指标达到世界卫生组织指导值范围，颗粒物浓度达到发达国家大城市水平，满足举办奥运会的需要。为了实现“北京蓝”的承诺，北京市于2002年制定了《北京奥运行动规划》，中国开始在国家层面推动区域大气污染治理，包括城市扬尘污染、煤烟型污染、机动车排气污染物污染、工业大气污染等方面的防治。在这4种类型的大气污染中，工业大气污染是影响北京空气质量的重要因素，需要对北京市的产业结构进行大范围调整。因此，北京市人民政府在《北京奥运行动规划》中明确指出，“加强冶金、化工、电力、水泥等行业生产污染控制，加大市区企业搬迁调整力度，2008年之前完成东南郊化工区和四环

---

① 杨雪：《北京市区工厂将成历史：扰民企业搬迁之路》，《经济观察报》2006年8月6日。

路内200家左右污染企业的调整搬迁”。此时，北京推动企业搬迁正式上升为国家级战略，大量央企被划入搬迁范围。例如，2005年2月，中国国务院批准了《关于首钢实施搬迁、结构调整和环境治理的方案》。2007年北京市出台《关于规范污染扰民企业搬迁工作有关事宜的通知》，制定了企业搬迁的相关政策。从20世纪80年代起，到北京奥运会前，北京有大量的企业迁出。“十五”期间，北京首都钢铁公司炼钢厂、北京焦化厂、第一机床厂铸造车间等一些大型企业，或整体或将部分生产环节迁移到河北省周边地区。为了筹备北京奥运会，北京市内化工区和四环内200多家重污染工业企业实现整体搬迁，其中，大部分工业企业迁往北京远郊或河北境内（见表3—3）。

表3—3　　北京部分外迁工业企业

部分搬迁企业	搬迁地
北京化二股份有限公司	北京燕化
北京焦化厂	河北省唐山市
北京有机化工厂	北京燕化
首都钢铁公司炼钢厂	河北省唐山市
北京内燃机总厂铸造车间	河北省沧州市
北京市第一机床厂铸造车间	河北省保定市
北京量具刃具厂	河北省霸州市
北京新型建材集团粒状棉生产线	河北省张家口市

资料来源：根据网络新闻资料整理所得。

这种产业转移过程可以从京津冀三地经济年鉴中产业产值比重变化得到佐证。改革开放后，北京的工业产值比重不断下降，并在1994年被第三产业超过。在2004年，北京实现了工业化，开始进入后工业化阶段。与此同时，河北和天津的工业化进程加速，从20

世纪 90 年代到 21 世纪头十年，天津的重工业快速发展，工业产值比重在 2008 年达到顶峰，占地区生产总值的 60.1%，截至 2013 年，工业仍然是天津最重要的产值来源。河北省的工业产值贡献率从 1990 年的 34.1% 增长到 2012 年的 64%，并呈现出进一步增加的态势。由此可以推断，北京市在实现工业化和后工业化的过程中，根据城市定位的需求，不断降低工业比重，实现了产业升级。

第三，在央地多主体合作层面推动企业搬迁。本阶段重点是解决京津冀大范围内雾霾污染天气。2008 年之后，国家层面推动企业搬迁暂时告一段落，“奥运蓝”成为中国改善空气质量的重要成就。但是，在北京奥运会 5 年后，北京及其周边地区的空气污染再次引起广泛关注。“雾霾”成为 2013 年中国的“关键词”，当年 1 月，全国范围内 30 多个省级行政区域连续经历 4 次雾霾过程，北京地区在该月仅有 5 天没有出现空气污染，世界上空气污染最严重的 10 个城市中，有 7 个分布在中国，这些城市主要集中在京津冀地区。人们的一个共同疑问就是：“大量污染型企业已经搬出北京，为何空气污染仍然如此严重？”这是因为北京的城市规划和产业升级，给天津和河北等地带来重化工产业转移；而天津和河北基于产值、就业等因素，承接这部分产业转移。产业转移过程也是北京在大气污染治理过程中对周边城市群的环境污染转移过程，也成为北京周边区域环境破坏的重要来源。

京津冀如此严重的空气污染引起了中国高层的密切关注，明确提出要把该地区的大气污染治理作为工作的重中之重，由此企业搬迁政策再次由国家层面来推动。2013 年，国务院制定《大气污染防治行动计划》，明确提出有序推进位于城市主城区的钢铁、石化、化工、有色金属冶炼、水泥、平板玻璃等重污染企业环保搬迁、改造，到 2017 年基本完成。同年，以环境保护部为首的中央 6 部委联合发布的《京津冀及周边地区落实大气污染防治行动计划实施细则》《北京市2013—2017年清洁空气行动计划》都明确地提出要进一步推动污染型企业搬迁，减少北京地区的大气污染物排放来源。北京市正式印发了《关于落实清洁空气行动计划进一步规范污染扰民企业搬迁政策有关事项的通知》，在前期经验的基础上将企业搬迁措施进一步细化。其中，《京津冀及周边地区落实大气污染防治行动计划实施细则》明确指出，到2017年年底，北京市要调整退出高污染企业1200家，天津市钢铁、水泥产能控制在2000万吨和500万吨，河北省钢铁产能压缩淘汰6000万吨以上。

三 政策执行分析

在污染型企业搬迁政策制定及执行的第一个阶段，北京市基本解决了污染扰民问题，大气质量一度得到改善。从污染企业搬迁数量来看，2000年以前共搬迁污染型企业200多家，高铁、冶金、化工等污染型企业搬出市区，这对提升空气质量效果显著。在第二阶段，北京市顺利实现了保障奥运会期间空气质量的承诺，以“奥运蓝”交出了令世界满意的答案，首钢等大型污染型企业搬出北京市区。综合第一、二阶段效果，尽管污染型企业搬迁政策对北京地区全部的空气质量改善的效果尚不稳定，但仍实现了阶段性目标。对比这两个阶段的污染型企业搬迁政策，这项政策能够较好执行主要得益于三方面的因素。

第一，地方政府动力比较足。20世纪90年代，地方政府逐渐演变成一个发展型政府，特别是1994年实施的分税制，北京周边地区乃至中西部广大欠发达地区都有较强的承担北京的产业转移意愿，既可以拉动地方经济增长，增加地方政府财政收入，也可以增加就业。这一时期，地方政府对污染型企业认识也不足，环境执法力度较小，环境污染考核尚未成为硬约束。因此，在北京周边地区，不少地方还规划出了北京产业转移基地，修建产业承接示范园或者工业园区，专门承接北京地区的产业转移。进入到21世纪，地方政府环保意识增强，环境保护的呼声越来越强烈，在这之后的产业搬迁中，污染型企业搬迁受到了很大阻力，但一些能够拉动地方经济的、污染较低的大型企业对经济落后地区仍有较高吸引力，这对促进当地经济增长、增加财政收入具有很大的拉动作用。例如。对于意向外迁的北京动物园服装批发市场和丰台区大红门服装市场，永清县、固安县和白沟镇也加入对迁移地的争夺；北京现代第四工厂搬迁也引起了多地的争夺和博弈，重庆和河北沧州等地都有意愿让该企业落户本地。

第二，中央强力推动。北京成功举办奥运会之后，国家层面明确提出污染型企业搬迁政策，各地有配合政策实施的动力。2000年以后，一些高耗能的污染型企业在搬迁过程中遇到了较大阻力，很多地方不愿意承接这些污染型产业，这些产业效益低、污染大，并不能为当地经济发展带来直接好处。因此，单靠北京市政府很难完成企业搬迁，这些污染型企业中有大量巨型央企；但是，北京奥运会申办成功之后，保障北京地区的空气质量逐步上升为国家层面交办的“政治任务”，因此中央政府直接介入北京地区污染型企业搬迁中。在中央的强力推动下，地方政府意识到这样一个策略性问题：这些企业虽然是高污染型企业，但中央强力推动搬迁就会降低对污染的惩罚力度，而此时承接产业转移或多或少还是可以带来一些经济效益。由此可见，中央政府从外部注入的激励性因素化解了地方内在动力不足问题。在这一阶段，大量高耗能、高污染企业都转移到河北、天津地区。

第三，大量的资源供给。产业搬迁是政府产业结构调整的重要步骤，需要社会各方力量的配合，这就需要推动者为这项政策的执行提供充分的资源。在北京市污染企业搬迁的三个阶段，可以清楚地看到各种资源投入。单从北京市这个层面看，先后制定了《北京市推进污染扰民企业搬迁加快产业结构调整实施办法》《关于规范污染扰民企业搬迁工作有关事宜的通知》《关于落实清洁空气行动计划进一步规范污染扰民企业搬迁政策有关事项的通知》三个重要的文件，文件内容多涉及企业利益保护、企业职工利益保护以及财政税收支持政策。例如，修订完善污染企业搬迁政策，给予调整搬迁企业土地转让税收减免支持。为了顺利推动企业搬迁，政府还建立专项财政资金，对搬迁企业进行补贴。

四　政策执行结果

污染企业搬迁政策前后跨越数十年的执行中，推动企业外迁的政策目标得到了较好实现。然而，北京地区近年来的大气污染愈加恶化也引起了广泛的关注，污染企业搬迁政策实施面临着更加复杂的社会情境。通过总结过去二十年以来污染企业搬迁政策的实施情况，可以发现该政策在实施中存在着诸多问题，甚至成为进一步推行政策的障碍，这也可以看作是政策执行的一种“负外部性”结果。详见表3—4。

第一，全社会对环境保护的重视上升到前所未有的高度，河北、天津等周边地区对承接北京地区的高污染企业的意愿明显不足，甚至中西部地区也表示不会承接污染型企业，寄希望以绿色发展带动地方经济发展。

第二，大气污染治理陷入“地方保护主义”，区域间未能建立合作机制，单纯的污染输出破坏了污染企业接受地的利益，区域间利益博弈加速。

第三，企业搬迁是一个复杂的过程，企业面临着产业转型、价值链重组等难题，增加了企业生产成本，企业存在动力不足等问题。

第四，企业搬迁如果不能成功，大量的高污染、高耗能企业将会倒闭，由此会出现大量失业人口，企业职工利益受损，由此也难以主动参与政策实施，等等。从这些问题可以看出，企业搬迁政策过程中，有可能陷入多主体博弈的“囚徒困境”之中，需要强有力的外在力量，重构博弈规则和政策实施环境，实现区域间、多主体间合作共赢。

表 3—4　　污染企业搬迁政策实施的不良结果

政策结果	问题的表现和阐释
地方出现不足	不再 GDP 考核，强调绿色发展；河北、天津以及其他地区都不愿意接收北京转移的污染型企业，而这些企业又不可能在短时间内淘汰；出现“上热下冷”情况；北京最近把能源密集型污染企业迁出首都的行动遭到了周边地区政府的抵制，它们对接收更多老旧企业的热情不高；北京产业转移对地方的财政、就业支持不会带来太大效益
区域行政分割	一亩三分地思维；“灯下黑”；长期以来，由于首都北京对资源的集聚和吸附形成的虹吸效应，致使环北京周边地区发展迟缓
区域利益博弈	北京此次计划外迁的企业多属于“三高”企业，而河北、天津等地则更希望看到一些科技含量高、发展前景大、能与北京密切配套的企业落户；产业转移与经济体制有很大关联，涉及绩效，也关乎地方经济增长，同时也与财政问题息息相关，将是京津冀协同发展博弈激烈的领域
企业利益受损	有企业愿意搬迁，就有企业不乐意，并不是所有企业都能在这场转移中找到适合自己的路子
企业转型困境	北京的“三高一低”产业，也非要在明知无人愿接、无人敢接的前提下，依旧列明外迁企业的名单，转型的难度远比外迁污染企业大得多；河北等地的经济要实现“腾笼换鸟”并不容易，区域经济结构和产业体系的形成，是长期历史演变的结果，有一定惯性，而新兴产业、绿色产业的发展壮大也不可能一蹴而就
企业职工利益受损	企业转移的成活率低，大量的企业职工失业
污染治理成本转嫁	河北等地认为北京没有为大气污染治理支付相应成本，当地的大气污染是北京产业转移造成的

资料来源：根据案例材料整理所得。

五 政策执行的关键因素提取

第一,充足的权力和资源供给。当产业搬迁政策推动主体由北京市上升为国家层面时,自上而下的权威改变了政策执行的激励机制和资源供给机制。中央政府能够赋予地方更多的权力和资源供给,进而能够调动地方积极性,更容易从全局协调产业搬迁过程中存在的问题,自上而下的权威为政策执行注入了动力。

第二,区域间的合作。产业搬迁需要北京、天津、河北以及全国其他地方构建起合作机制,当前封闭、分割的行政区划不利于产业搬迁的协调,各地方政府总是出于保护自己的利益,具有侵害其他区域利益的极强动机。因此,污染企业搬迁时常出现以邻为壑的现象,最终反而又侧面地破坏了污染企业迁出地的利益,这是大气污染治理中一个极为吊诡的现象。

第三,经济发展水平。在经济发展初期,河北、天津以及周边其他地区都有动力接收从北京搬出的污染型企业,地方政府执行环境政策的动力不足;但在追求绿色发展的情况下,地方政府已经开始不愿意接收污染型企业。在一些经济基础条件较差地方,甚至打着绿色发展的口号,仍然走破坏环境的老路,对环境政策的执行置之不理;在当下中国经济水平下,既不可能直接关停污染型企业,经济又不可能一下子转型。因此,经济发展水平成为污染型企业搬迁的一个重要影响因素。

第四,多种参与者的内在动力。在不同经济条件和制度激励下,地方政府在执行污染企业搬迁政策中表现出了不同意愿,有些政策执行阶段,地方政府是有动力的,有些政策执行阶段,地方政府却没有了动力。此外,企业、职工在政策执行过程中也有自己的利益需求,这部分利益相关者的行为意愿也可能对政策执行产生影响。在产业搬迁过程中,有一些企业就采取了企业主体搬迁,但职工的户口、社保不变的政策安排，降低了内在冲突，提升了参与动力。

第五，社会关注程度。北京奥运会申办成功受到了国内外社会的热切关注，而为了迎办奥运采取的企业搬迁政策也得到了社会层面的理解，为政策的制定和执行提供了良好的社会环境和社会支持。2012 年以后，京津冀地区的大气污染不仅引起了中央高层的注意，社会公众、新闻媒体更是对这个问题进行了持续性关注，特别是新闻媒体的报道提升了社会公众对大气污染的认识程度，势必成为推动政策执行的重要力量。

第三节　象征性执行：风沙源治理

一　背景

京津风沙源治理工程是中国环境治理领域重要的国家级工程之一，是针对北京和天津等周边地区沙尘污染的治理政策。20 世纪 50 年代以来，中国北方地区沙化问题日趋严重，沙尘暴或浮尘天气发生的次数和频率也逐渐增多。到 20 世纪 90 年代，中国北方地区发生沙尘暴共 23 次；2000 年春季，北方地区连续发生 12 次浮尘、扬沙和沙尘暴天气，以北京、天津为中心的华北地区是重灾区之一。这几次风沙天气具有明显特征：从时间维度看，持续时间较长；从空间维度看，影响范围极广；从内容维度看，发生的频率高、强度大；从影响维度看，给整个北方特别是北京、天津等地区造成了极大危害，引起了中央领导的高度重视。2000 年 5 月 12—14 日，朱镕基赴坝上考察并作出指示："防沙止漠，刻不容缓；生态屏障，势在必建。"2000 年 6 月 5 日，朱镕基主持召开国务院党组会议，听取国家林业局关于京津风沙源治理工作思路的汇报，并决定紧急启动京津风沙源治理工程。2000 年 10 月，党的十五届五中全会进一步提出加强生态建设，遏制生态恶化，抓紧环京津生态圈工程建设。

二 政策制定与执行过程

第一，政策内容。2002年3月，国务院制定了《京津风沙源治理工程规划（2001—2010）》，正式实施京津风沙源治理工程，工程最初的实施范围涉及北京、天津、河北、山西、内蒙古5省（市、自治区）的65个县（市、区、旗），后在规划中调整为上述5个省级行政区的72个县级行政区，规划范围内的风沙治理面积为45.8万平方公里，其中沙化土地面积为10.18万平方公里，占规划总面积的1/5以上。这项环境治理工程分为两个实施阶段：（1）2002—2005年：治理工程启动和初始实施阶段。（2）2006—2010年：治理工程攻坚和成果巩固阶段。由于地理覆盖范围的自然条件不同，京津风沙源治理工程采用分区治理的方式，将整个治理区划分为北部干旱草原沙化治理区、浑善达克沙地治理区、农牧交错地带沙化土地治理区、燕山丘陵山地水源保护区四大区。

第二，政策目标。这项生态环境治理工程的总目标是“采取荒山荒地荒（沙）营造林、退耕还林、营造农田（草场）林网，草地治理、禁牧舍饲、小型水利设施、水源工程、小流域综合治理和生态移民等措施治理沙化土地1.5亿亩”，“以期2010年使治理区生态环境明显好转，风沙天气和沙尘暴天气明显减少，从总体上遏制项目区沙化土地的扩展趋势，使北京及周边地区生态环境得到明显改善”。表3—5展示了京津风沙源治理工程的实施内容和具体目标。

表3—5 京津风沙源治理工程的实施内容和具体目标

工程实施内容		工程实施目标
退耕还林	退耕	2012.57万亩
	荒山荒地荒沙造林	1931.04万亩

续表

工程实施内容		工程实施目标
营造林	营造森林	7416.19 万亩
草地治理	禁牧	8526.7 万亩
	人工种草	2223.5 万亩
	飞播牧草	428 万亩
	围栏封育	4190 万亩
	基本草场建设	515 万亩
	草种基地	58.5 万亩
	建暖棚	286 万平方米
	购买饲料机器	23100 台（套）
水利工程	水源工程	66059 处
	节水灌溉	47830 处
	小流域综合治理	23445 平方公里
生态移民	移民搬迁	18 万人

资料来源：《京津风沙源治理工程规划（2001—2010）》。

第三，政策实施的权威推动。京津风沙源治理工程涉及北京、天津及周边地区的空气质量，启动和实施过程中受到各级领导的高度重视。在工程实施前，朱镕基总理亲自批示并指示实施这个工程。在工程实施的 10 年中，温家宝总理多次过问这项工程进展情况，多次召开国务院常务会议研究京津风沙源治理工程实施中的各种问题。这项工程实施的第二期，李克强总理也亲自部署工程实施。在国家层面成立了京津风沙源治理工程协调小组，每年都召开京津工程省部级联席会和现场会，统一协调 5 个省级行政区域的风沙治理。在国家各项重点生态工程区域的退化防护林改造工作中，国家林业局明确表示优先改造京津风沙源治理。

第四，政策实施的技术支撑。为了保证京津风沙源治理工程的顺利实施，保证整个工程能够顺利落地，技术支撑体系必不可少，具体包括：科技推广体系、防沙治沙工程质量技术监督体系、技术培训体系、工程监测和效益评价等。在这些技术支撑体系下，分别制定了包括退耕还林、营造林、草原建设、水源工程建设等内容在内的县级作业设计技术规程，对工程的质量标准、操作技术要点、施工组织管理等方面做了明确要求。科技支撑体系在京津风沙源治理中发挥了重要作用，例如，低覆盖度防沙治沙技术中的灌乔草复合的行带式分布格局的防风阻沙效果非常显著，固沙林在15%—25%低覆盖度时能够完全固定流沙，并为带间植被修复、重建和土壤发育提供了必要的局地环境条件，从而促进带间植被和土壤自然修复[①]。在京津风沙源治理工程氛围内，每年都要举办治沙技术培训班，基层干部和农牧民在培训中可以学习治沙、造林、还草方面的技术。

第五，政策实施的资金支持。国家对京津风沙源治理投入了大量资金，累计投入达到412亿元，资金包括中央预算内投资、中央财政专项资金以及地方配套资金。这些资金以中央财政为主，地方财政配套为辅。这些资金主要用于造林营林补贴、退耕还草补贴、支付水利建设、小流域治理以及生态移民方面的费用，具体情况见表3—6。

表3—6　　京津风沙源治理工程项目补贴标准及资金来源

<table>
<tr><th>项目</th><th colspan="2">具体项目和补贴标准</th><th>资金来源</th></tr>
<tr><td rowspan="5">造林营林</td><td rowspan="2">退耕还林</td><td>补助年限：8年
粮食补助标准：200斤/亩·年
现金补助标准：20元/亩·年</td><td>中央财政专项资金</td></tr>
<tr><td>种苗补助费：50元/亩</td><td>中央基本建设资金</td></tr>
<tr><td rowspan="2">造林营林</td><td>人工造林：300元/亩（中央补100元）</td><td>中央基本建设资金+地方配套资金</td></tr>
<tr><td>飞播造林：120元/亩
封山育林：70元/亩</td><td>中央基本建设资金+地方配套资金</td></tr>
<tr><td colspan="2">林木种苗：70%来自中央</td><td>中央基本建设资金+地方配套资金</td></tr>
</table>

① 王建兰：《基本解决防沙治沙中幼龄林衰败问题》，《中国绿色时报》2015年7月1日。

续表

项目	具体项目和补贴标准	资金来源
草地治理	人工种草：120 元/亩（中央补 100 元） 飞播牧草：100 元/亩（中央补 50 元/亩） 围栏封育：70 元/亩（中央补 40 元/亩） 基本草场建设：50 元/亩（中央补 80 元/亩） 草种基地建设：1200 元/亩（中央补 500 元/亩） 禁牧饲料粮补：0.225 公斤/天·公顷 禁牧棚圈：200 元/平方米（中央补 150 元/平方米） 饲料加工设备：2500 元/台（中央补 2000 元/台）	中央基本建设资金 + 地方配套资金
水利措施	水源及节水工程：中央补助 1 万元/个 小流域综合治理工程：中央补助 20 万元/平方公里	中央基本建设资金 + 地方配套资金
生态移民	5000 元/人	中央基本建设资金
科技支撑	中央基本建设投资的 3%	中央基本建设资金

资料来源：《京津风沙源治理工程规划（2001—2010）》。

第六，政策实施的组织机构设置。京津风沙源治理工程在实施中形成了一套组织机构。京津风沙源治理工程不仅涉及 5 个省级行政区域和 72 个县级行政区域，还涉及林业、发改、财政、农业、水利等多个部门，工程实施中需要各职能部门相互协调配合。在中央层面，由国家林业局负责组织实施。因此，自工程启动以来，每年由国家发展改革委牵头、国家林业局配合召开“京津工程省部级联席会和现场会”。在各省级和市级行政区域内，也相应地成立了类似于“京津风沙源治理工程领导小组”这样的综合协调性机构。在中国现有的组织层级设计下，县级行政区域的工程组织管理机制最为明确。一般而言，工程实施范围内的所有县都设立了京津风沙源工程建设领导小组，由县级领导担任组长和副组长，小组成员由林业、水利、农业、发展改革委、纪委、财政、审计、国土等相关部门和基层各乡镇行政负责人组成；领导组下设办公室抽调林业、水利、农业部门的技术负责人组成，京津风沙源领导组办公室是各地具体负责实施工程建设的管理机构[①]。

第七，政策实施的激励机制。京津风沙源治理工程的实施构建起了一套管理机制，主要包括工程运行、监督、验收与考核等几个方面。工程实施日常管理最重要的就是项目资金管理，一般都采用专项账户管理的模式，各地还建立了工程招投标、物资采购等管理制度。在县、市、省以及中央层面都会对工程实施和项目资金使用进行监督，最常用的方式就是现场督查和专项检查。在工程建设验收方面，国家林业局制定了《京津风沙源治理工程年度检查验收办法》，各省、市、县等行政单位依据这个验收办法制定了结合本地区实际情况的检查验收办法。此外，国家林业局在2006年制定了《京津风沙源治理工程林分抚育和管护工作考核办法》，由国家林业局防沙治沙办公室牵头组织，各省、自治区、直辖市林业行政主管部门负责本地区的考核工作。

三 政策结果

到2012年，国家已累计安排资金479亿元，京津风沙源治理工程取得了较好成效。中国国际工程咨询公司组织有关方面的专家对京津工程进行的中期评估得出的结论是“决策正确，工程规划目标切实可行”；“工程在组织管理、计划管理、质量管理、档案管理等方面制度比较健全，管理工作日趋合理、规范、有效。退耕还林、禁牧舍饲钱粮等政策兑现执行总体情况良好”。国家林业局防沙治沙办公室在汇报资料中指出，“工程实施范围区域内生态环境好转，风沙天气和沙尘暴天气减少，沙化土地扩展趋势基本遏制，

① 杨吉林：《京津风沙源治理工程管理机制的探讨》，《内蒙古林业调查设计》2014年第2期。

林草植被呈现出快速增加的趋势，沙化土地面积不断减少，退耕还林和还草区农民收入不断增长，社会可持续发展能力不断”。根据工程区内 8 个沙尘暴预警监测站、22 个气象站最近 10 年连续监测数据显示：86% 的监测站监测到的就地起尘扬尘呈减少趋势，其中 45% 监测站呈明显减少趋势。2012 年 9 月 19 日的国务院常务会议指出：“京津风沙源治理一期工程自 2000 年启动实施以来，取得显著的生态、经济和社会效益。京津地区沙尘天气呈减少趋势，空气质量改善。工程区沙化土地减少，植被增加，物种丰富度和植被稳定性提高。河北、山西、内蒙古三省（区）的重点治理地区农牧民生产生活条件得到改善，经济社会可持续发展能力增强。”

根据中国林业统计年鉴，可以看出工程实施具体目标实现的程度。工程实施共完成造林、营林 1.13 亿亩（包括退耕还林和荒山造林），实现草地综合治理 1.4 亿亩，建设暖棚 1100 万平方米，购买饲料机械 12.7 万套，小流域综合治理 1.54 万平方公里，节水灌溉和水源工程共 21.3 万处，易地搬迁 18 万人。比照《京津风沙源治理工程规划（2001—2010）》，通过延长两年的治理，退耕还林和营造林的目标实现了 90%，草地综合治理的目标实现了 87.5% 左右，暖棚建设比原定目标多了 3.85 倍，购买饲料机器比原定目标多了 5.5 倍，节水灌溉和水源工程比原有目标多了 1.87 倍，小流域综合治理实现了原有目标的 52%，移民搬迁任务 100% 完成。

四　政策评价

国家发展改革委在总结京津风沙治理一期工程时指出，工程实施区域范围内生态环境依然十分敏感和脆弱，部分地区生态环境持续恶化的趋势尚未得到根本性扭转；以北京、天津为中心的周边地区沙尘天气发生次数虽有减少趋势，但沙尘天气发生的频率仍未见低，每年都会发生，尤其是大规模的浮尘天气问题尚未根治。[①] 为了进一步降低京津地区沙尘天气的危害，实现北方干旱半干旱生态脆弱地区人口、资源与环境的协调可持续发展，构建起一个长期有效的生态屏障，国务院决定在京津风沙治理一期工程的基础上，再用10年时间实施二期工程。与一期工程比较，在原有5个省级行政区域基础上，将陕西省纳入工程实施范围，县级行政区域由75个增加到138个。通过新闻媒体报道、新闻调查以及对工程实施区域官员、农牧民的访谈，本书梳理了京津风沙治理工程实施中存在的问题（见表3—7）。

表3—7 京津风沙治理工程实施中存在的问题

工程实施的主要问题	问题的表现和阐释
官员腐败	各级干部截留专项资金、盗取盗骗林草公益资金、套取国家补偿款、违规买卖流转林地等；挪用、挤占工程建设资金；尤其是在县、乡、村等基层，工程项目资金管理十分不规范，时常发生贪污挪用工程款的现象
项目依赖症	资金有限，“撒胡椒面”的治理方式；地方治沙规划多取决于上级政府；地方治沙对国家资金依赖大，国家资金不到位，治理就难以维系；项目资金使用的灵活性差，造成大量的资金浪费
地方资金压力	地方有大量的财政支出事项，落实风沙治理工程面临较大的财政压力，无法配套项目资金；各个部门风沙治理的管理经费压力大
重建设轻管护	在前期资金投入情况下，地方干部和群众有投入工程实施的积极性；但京津风沙治理工程没有配套管护资金，导致各项工程建设后续管理和维护不足
管理部门分割	京津风沙治理工程实施涉及发改、林业、农业、畜牧、财政、农村经管、水利以及民政等众多职能部门，容易出现“争利避害”现象；部门众多也不利于检查、监督，形成“九龙治沙”的尴尬局面

① 《国务院部署京津风沙源治理》（http://www.zhb.gov.cn/gkml/hbb/qt/201502/t20150202_295333.htm）。

续表

工程实施的主要问题	问题的表现和阐释
监督检查有漏洞	检查验收缺乏具体标准，存在走形式的问题；在县、乡、村基层，对工程招标、检查、验收缺乏动态监管，工程建设质量得不到保证
缺乏执法管理	林政执法和森林公安机构不健全，执法力量不足，林业盗伐、草业乱牧现象十分严重；风沙治理工程项目常常遭到破坏
发展与保护的张力	京津风沙治理工程实施地区经济发展水平较低，人口、资源与环境间的张力很大；农民缺乏退耕还林、还草以及参与风沙治理的内在动力；地方政府也面临着发展和保护的压力，很难做到兼顾
治理措施与实际脱节	京津风沙治理工程采取的是分区治理方式，但各个分区内部有很大差异，规定还林的地区有可能更适合还草，国家硬性规定与实际情况不符合
风沙治理主体单一	政府主导了京津风沙治理工程，农牧民在资金补偿诱导下被动参与，缺乏市场主体参与

资料来源：根据案例材料整理所得。

五　政策执行的关键影响因素提取

第一，政策目标清晰度。政策目标清晰度是政策执行的重要基础。京津风沙治理工程的总体目标是以“改善北京、天津地区的风沙天气”为目标，这种目标缺乏整体的明确性，各地方在政策执行过程中只能去分解政策本身，对政策实施的总体目标缺乏了解，这是导致第一阶段政策执行延长的重要原因。

第二，持续性资源供给。在政策执行过程中，可以发现当中央政府提供了丰富的财政资金时，各地方政府就有动力去推动工程实施，一旦停止资金供给，工程实施立马陷入困境。在一些地方，甚至陷入“项目依赖”，没有项目就不会投入资金改善风沙天气。

第三，利益相关者行为。在京津风沙工程实施过程中，地方政府对退耕还林、退耕还草等经济效益较低的项目缺乏动力，更愿意在工程建设、水利设施等方面进行投资；由于当地经济发展水平较低，风沙治理中牧民无法从退耕还林、退耕还草中直接获益，有的牧民甚至继续乱砍、乱耕。

第四，组织管理。任何政策的实施都应该有一套良好的运行机制，有明确的实施规则。科层组织是中国政策实施的重要主体，市场以及社会力量较少参与，很多政策由于行政部门之间的分割、争利等因素，无法在现实中执行。京津风沙治理工程的组织管理就面临这个问题，行政分割、部门争利严重地制约了政策执行。

第五，激励监督机制。政策执行不仅注意短期的“硬成果”，还应该重视长期的“软成果”。因此，应当让执行主体有动力注重长期效益，监督利益主体的机会主义行为。在京津风沙治理工程实施过程中，以项目制为核心的管理制度，改变了“撒胡椒面”的治理方式，却没有形成资金使用的合理的激励、考核和监督机制，科层自上而下的监督检查容易沦为“走形式”。

第四节 运动式执行：“APEC 蓝”

一 背景

近年来，区域性大气污染困局在京津冀地区非常显著，该地区连续多年、耗资无数的治污努力在严重的大气污染数据面前显得极为尴尬。以北京市为例，2013 年全年空气质量达到优良的天数不足全年时间的一半，PM2.5 指数多次超过 500，平均一周时间左右就有一次 5—6 级的重度污染。[①] 京津冀区域 13 个地级以上城市中，有 11 个城市排在污染最重的前 20 位，其中有 8 个城市排在前 10 位，区域内 PM2.5 年均浓度平均超标 1.6 倍以上。[②] 2014 年 11 月，APEC 会议在北京召开，众多国家领导人出席，会议期间的大气质

① 北京市环保局：《2013 年北京市 PM2.5 年均浓度 89.5 微克/立方米》（http://www.bjepb.gov.cn/bjepb/413526/331443/331937/333896/383912/index.html）。

② 《环境保护部发布 2014 年重点区域和 74 个城市空气质量状况》（http://www.zhb.gov.cn/gkml/hbb/qt/201502/t20150202_295333.htm）。

量代表着国家和首都的形象，具有十分重要的政治意义，对大气污染治理形成了强大的外在压力，环境治理成为极为重要的政治需求。然而中国的经济发展方式仍比较粗放，污染型工业比重大，绿色科技和绿色经济发展不足，常规科层官僚制治污效率低下、效果不明显，短时间内无法满足 APEC 对空气质量的要求。因此，为了提高科层治污效率，快速破除空气污染困局，北京市主导发动了一场“运动式”治污，并得到中央政府及其职能部门的强力支持，将北京市对良好空气质量的需求转变为整个区域内各级政府的“政治任务”，将大气污染治理从一个部门任务迅速转变为整个政府体系的“中心任务”，通过层级体制、考核机制、奖惩办法将压力传导、任务分解到各级地方政府和官员身上。习近平同志在 APEC 会议上所说的“感谢这次会议，让我们下了更大决心来保护生态环境”也印证了这一点。[①]

二　政策方案形成

第一，政策方案的纵向分解。京津冀地区雾霾治理在 APEC 之前就已经被纳入国家政策和发展计划，并形成了细则与目标责任书，如《国务院大气污染防治行动计划》《京津冀及周边地区落实大气污染防治行动计划实施细则》《“十二五”主要污染物总量减排目标责任书》。为了保障 APEC 期间的空气质量，京津冀及周边地区大气污染防治协作小组[②]高度重视，多次召开由政府主管领导牵头的联席会议讨论治污方案，部署目标安排，并发布了《2014

---

① 习近平：《下更大决心保护生态环境》（http：//news. xinhuanet. com/politics/2014 - 11/13/c_1113233935. htm）。

② 京津冀及周边地区大气污染防治协作小组于 2013 年由国务院协调北京市、天津市、河北省、山西省、内蒙古自治区、山东省以及环境部、国家发展改革委、工业和信息化部、财政部、住房和城乡建设部、中国气象局、国家能源局等六省区七部委的负责同志成立，目的在于通过联防联控方式解决区域内大气污染问题，是贯彻国务院《大气污染防治行动计划》的一个重要举措。

年亚太经合组织会议空气质量保障措施编制原则》，根据与北京的距离、位置造成的空气污染影响程度制定各地区的减排方案，据此原则，各省、市、区、县分别制定了亚太经合组织会议空气质量保障方案。

根据总体治污方案和指导原则，六省市分别制定本地的分方案，划定防污、治污重点区域，明确限产、停产重点行业及企业目录，同时加强实时监督和控制，根据天气情况及时采取应对措施。北京市在2014年6月16日发布《2014年亚太经济合作组织会议北京市空气质量保障方案》，要求以北京市为第一圈，率先制定和执行各类污染管控措施；天津、河北、山西、山东、内蒙古等周边五省市为第二圈，按照京津冀及周边地区大气污染防治协作小组办公室及《2014年亚太经合组织会议空气质量保障措施编制原则》，统一部署和规划治污行动方案，将治污目标层层分解落实。六省市划分了控制重点区域和一般控制区域，详情如表3—8所示。

表3—8　　六省市污染控制区划分

<table>
<tr><th>地区</th><th>重点控制区</th><th>一般控制区</th></tr>
<tr><td>北京市</td><td>北京市</td><td></td></tr>
<tr><td>天津市</td><td>天津市</td><td></td></tr>
<tr><td rowspan="2">河北省</td><td>一类重点控制区：北京周边100公里范围内。包含涿鹿县、怀来县、赤城县、丰宁满族自治县、滦平县、兴隆县、玉田县、廊坊市安次区、廊坊市经济开发区、霸州市、大厂回族自治县、固安县、三河市、香河县、永清县、涞源县、易县、涞水县、涿州市</td><td rowspan="2">石家庄市、秦皇岛市、沧州市、衡水市、邢台市、邯郸市</td></tr>
<tr><td>二类重点控制区：北京周边100—200公里范围内。包含张家口市、承德市、唐山市、廊坊市、保定市除一类重点控制区域外的县（市、区）和定州市、辛集市</td></tr>
</table>

续表

地区	重点控制区	一般控制区
山西省	距离北京600公里以内的大同市、朔州市、太原市、忻州市、阳泉市、晋中市	吕梁市、长治市、晋城市、运城市、临汾市
山东省	济南市、淄博市、东营市、德州市、聊城市、滨州市	青岛市、枣庄市、烟台市、潍坊市、济宁市、泰安市、威海市、日照市、莱芜市、临沂市、菏泽市
内蒙古自治区	赤峰市、包头市、呼和浩特市、乌兰察布市、锡林郭勒盟	乌海市、通辽市、鄂尔多斯市、呼伦贝尔市、巴彦淖尔市、兴安盟、阿拉善盟

资料来源：根据新闻报道、政策文件整理所得。

各地级市、区县乃至企业也制定了本辖区内的空气质量保障方案，将减排治污的总目标分解为具体任务目标，明确实施阶段、控制范围、重点污染源及限产停产企业，如表3—9所示部分政策方案的纵向分解，并在满足总体规划的基础上统筹指导本地的治污行动。在任务目标分解的过程中甚至出现了压力递增的现象，例如山西省要求6个重点地级市在空气达标的基础上，再减少30%的污染。而为了促进APEC会议前后的密切监控和动态应对，在环保部的监督和指导下，六省市区环境监测部门每日通过视频连线会商空气质量变化趋势，为根据动态变化适时采取应急措施提供科学的决策依据。

表 3—9　　APEC 空气保障方案的纵向分解

政策主体	政策分解
国家级	《国务院大气污染防治行动计划》 《京津冀及周边地区落实大气污染防治行动计划实施细则》 《“十二五”主要污染物总量减排目标责任书》 《2014 年亚太经合组织会议空气质量保障措施编制原则》
北京市	《2014 年亚太经济合作组织会议北京市空气质量保障方案》
	《中关村壹号 C 区工程 2014 年亚太经合组织会议期间安全生产保障方案》
天津市	《天津市 2014 年亚太经合组织会议空气质量保障方案》
河北省	《河北省 2014 年亚太经合组织会议空气质量保障措施》
	《亚太经合组织会议保定市空气质量保障措施》 《承德市 2014 年亚太经合组织会议空气质量保障方案》 《亚太经合组织会议大名县空气质量保障措施的通知》
山西省	《山西省 2014 年亚太经合组织会议空气质量保障方案》 《长治市郊区大气污染防治 2014 年行动计划》
山东省	《山东省 2014 年亚太经合组织会议空气质量保障措施》 《2014 年亚太经合组织会议期间建设扬尘治理专项督查方案》 《关于启动 I 级应急减排措施的通知》
	《亚太经合组织会议邯郸市空气质量保障措施》 《滨州市 2014 年亚太经合组织会议空气质量保障措施》
内蒙古自治区	《包头市 2014 年亚太经合组织（APEC）会议期间空气质量保障方案》

资料来源：根据新闻报道、政策文件整理所得。

第二，政策方案的横向落实。在治污方案中，除了要求以环保部门为核心的污染控制与监测，还要求众多其他政府部门的参与和配合，如交管部门、公安部门、住建部门、城管部门等，不同的政府部门承担不同领域的大气污染控制职责，治污行动要求职能部门根据职能分工密切配合。因而，在 APEC 治污方案中，各类具体执法任务被分解到各个职能部门，各职能部门的执法尺度从本质上反映了整个“运动式”治污的强度。具体而言，APEC 空气质量保障行动包括了环保局以及发展改革委、经信委、农林牧局、水利局、市政园林、公安局、国土资源局等部门。以北京市为例，如表3—10所示，污染控制过程被按照污染来源和治理措施的不同分别分解给相关职能部门。针对机动车污染，主要由交管部门负责，采取单双号限行、车油改造、尾气达标抽查等控车减油的治污措施。而对于燃煤污染，可以通过锅炉改造、减煤换煤、能源替代等方式减少污染排放。此外，对于工业企业的治污减排，以及道路和施工现场的扬尘管理则分别需要经信办、国资委和城管、市政市容、水务、绿化、住建等部门的紧密配合，多管齐下、联合执法，从而能够针对不同的污染源头采取针对性治污行动，降低空气污染。而对于露天烧烤、做饭、垃圾焚烧、秸秆焚烧等飞烟污染，则在宣传教育之余，由城管、市政市容等部门严格监督，禁止"冒烟"。

表3—10　　大气污染来源及关联职能部门对照

污染来源	污染控制措施	负责职能部门
机动车	单双号限行、减少公务用车、尾气抽查	道路交管部门
燃煤	煤改电、煤改气、推迟供暖、查处小煤炉生产	经信、质检、热力公司
工业	"三高"企业限产停产	经信办、国资委
扬尘	工地停工、道路洒水	住建、城管、市容、水务、园林绿化部门
飞烟	禁止"冒烟"：禁露天烧烤、秸秆垃圾焚烧	宣传、城管、市容

资料来源：根据北京市人民政府印发的《2014年亚太经济合作组织会议北京市空气质量保障方案》整理所得。

由此，国家的政策目标逐级分解，行动任务依职能而分配，依靠压力体制的考核、监察、责任书等方式层级传递，各地区、各部门乃至工业企业的治污分方案共同构成了此次治污行动的政策体系。

三 政策执行过程

（一）确定预警级别

空气重污染预警本是根据环境空气质量指数（AQI）的污染程度、持续时间、影响范围、危害程度等因素，将空气质量分为四个等级，在不同的预警等级下采取不同的污染应急措施，以减少重污染损害。在此次治污过程中，不同级别的预警启动成为治污方案的具体落实方式，其实质代表了污染控制的不同强度级别，预警级别的确定主要是根据政策目标、阶段、与北京市的距离、污染来源、污染程度等因素而决定。根据《2014年亚太经合组织会议空气质量保障方案》，APEC空气保障工作是按照“两圈、两阶段”开展，以北京市为第一圈，周边五省区市为第二圈，按照“会前”“会期”两个阶段，分别设定了减排目标，北京市总体减排40%，津冀晋鲁蒙承诺减排30%。在会前阶段，北京市，河北省的廊坊市、保定市、石家庄市、邢台市、邯郸市自11月3日起就开始实施最高一级重污染应急减排。11月6日起，除上述城市继续采取应急减排措施外，天津市，河北省的唐山市、衡水市、沧州市，以及山东省的济南市、淄博市、东营市、德州市、聊城市、滨州市，实施最高一级空气重污染应急减排措施。此外，根据每日空气质量的检测数据，并结合天气状况进行污染趋势预测，及时调整治污力度，对预警级别进行相应调整。

（二）应急减排行动

不同的空气污染预警级别意味着不同程度的应急行动，这些不同程度的应急行动主要体现在对公众的健康防护提醒措施、建议性污染减排措施和强制性污染减排措施的强度和条款数目不同。比如在最高级别红色一级预警下，就强制性地要求道路清扫保洁、污染工地停工、工业企业限产停产、“禁放”“禁烧”、单双号限行及公车使用五类措施以减少污染排放；而在二级橙色预警下，只对前四项做出规定，限行和公车使用则不做强制性要求。因而，在会议期间，根据政策目标分解和治污方案规定的预警级别及其适用范围，包括北京、天津、河北、山西和山东在内的五省市二十余城市实行了一级预警，并采取了最为严格的空气污染减排应急行动（见表3—11）。

表3—11　　各地区应急减排的主要措施

地点	主要应急减排措施
北京市	启动一级应急减排预警；所有工地停工；单双号限行，公车停驶70%；69家重点污染企业停工；72家污染企业限产；停止土石方等作业工序；加强公路清扫冲洗；机关事业单位及大中小学放假6天，银行金融机构轮休；加强执法检查和宣传引导
天津市	启动应急一级减排预警；开展汽车尾气抽查；推迟集中供暖时间；采用网格化精细管理，对1953家污染企业采取限产、5903个建筑工地停工的措施
河北省	石家庄、邯郸、邢台、保定、廊坊、唐山、沧州、衡水等市先后启动一级应急减排预警；严密监控881个重点控制区；2000多家重污染企业停产；1900多家污染企业限产；1700多个建筑工地停工；设专职环保督查进驻企业；严密监控秸秆焚烧、烧山荒、露天烧烤等“冒烟”行为
山西省	太原、大同、朔州、忻州、阳泉、晋中6市启动应急一级减排预警；部分地区在达标的基础上再减少30%的污染排放；减少20%—30%的公务用车；309家污染企业、125个建筑工地、4162蒸吨燃煤锅炉停产限产
山东省	济南、淄博、东营、德州、聊城、滨州6市启动一级预警；单双号限行；19家污染企业停产限产，所有工地停止施工，禁行渣土砂石运输车作业，禁止露天焚烧和烧烤等
内蒙古自治区	呼和浩特、包头、赤峰、乌兰察布、锡林郭勒5个市盟在规定企业停限产的基础上，增加了1097家企业和工段实施停产或限产措施

资料来源：根据新闻报道整理所得。

在APEC期间，北京、天津和河北8市、山西6市、山东6市启动了一级重污染天气预警，分别从机动车、燃煤、工业、扬尘、飞烟等方面实施了最为严格的应急减排措施。据环保部的数据显示，APEC 会议期间，有 9298 家企业停产、3900 家企业限产、40000 多个工地停工，分别达到《2014 年亚太经合组织会议空气质量保障方案》所要求的 3.6 倍、2.1 倍、7.6 倍。[①]

（三）政策执行结果

在 APEC 空气质量保卫战中，政府内部的行政人员及社会公众、企业或被动或主动地参与进来，为“APEC 蓝”的出现贡献了力量，成为这场“运动式”治污的行动主体。众多主体的一系列的行为过程和良好治污结果主要依赖于行之有效的激励和动员机制，按照时间不同，可以分为事前动员、事中控制和事后奖励三个阶段。为加强 APEC 会议期间机动车污染排放监管，北京市环保局从以下方面加强了监管：一是组织召开全市机动车排放监管专项部署会，明确了“用车大户 100% 达标”“进京车辆 100% 达标”“年检车辆 100% 达标”“社会车辆 100% 达标”以及“储油设施 100% 达标”五个 100% 达标的工作目标；二是与全市重点行业用车大户、机动车检测机构和储油企业签订了环保达标承诺；三是建立了市、区和企业三级监管机制。通过加大入户宣传和进京路口检查力度、对重点用车大户强化执法监管，每日对一级、二级重点储油单位进行巡查，对发现的环保违法行为依法上限处罚，用媒体曝光等手段推动机动车污染减排（新华网，2014）。可以看出，北京市通过召开宣传、动员和部署大会，通过“环保承诺”将环保目标分解到户，“宣传和动员大会”能够将信息和权力话语进行仪式化传递，强调“运动”的意义能够提升参与热情；同时，采用多种形式的督查和惩罚措施，纠正行动偏差，确保政策落实；APEC 结束后，召开表彰和总结大会，对作出贡献的人群和组织进行奖励，这是对本次运动治污过程的后期激励，也形成对下一次运动的前端激励。

---

① 邹春霞：《2014 年中央领导就环保工作批示 897 件》，《北京青年报》2015 年 1 月 16 日第 A04 版。

对于六省市区联合治污行动的控制和纠偏，根据《环境保护部亚太经济合作组织（APEC）会议空气质量保障督查方案》，由环保部牵头负责督导检查，各省市区也建立了完整的督查体系，分别进行内部督查。除了政府督查室、监察局和环保局，环保部和各省市区分别派出督查组，“不定时间、不打招呼、不听汇报、直奔现场、直接督查、直接曝光”，同时由社会媒体、公众进行监督，并将督查结果及时通报给政府部门，督促整改落实。来自邢台市和石家庄市的案例表明，“运动式”治污形成了一套强有力的激励—控制体系。例如，邢台市在会前阶段就对重点污染源实行限产限排，会议期间未完成治理改造、不能稳定达标排放的一律停产（鲍晓倩，2014）。

随着APEC会议的结束，从11月11日24时起，京津冀及周边省区相继解除空气重污染预警，终止各项应急减排措施。来自北京市环境监测中心的数据显示，从11月1日至12日，北京市空气中PM2.5、PM10、SO_2和NO_2浓度分别为每立方米43微克、62微克、8微克和46微克，比去年同期分别下降了55%、44%、57%和31%（环境保护部，2014）。由此表明，“运动式”治污在短期内取得了显著的成效，强有力动员下的社会参与有力地降低了PM2.5的浓度。在应急减排方案执行阶段结束之后，运动治污还有一个重要的收尾阶段。在APEC结束后，对大气污染防治规律、转变生产生活方式等经验进行深入总结，这是本次“运动式”治污过程的结束，也是此后治污的宝贵经验和借鉴。

（四）政策结束与评价

随着APEC会议的结束，从11月11日24时起，京津冀及周边省区相继解除空气重污染预警，终止各项应急减排措施。“运动式”治污在短期内取得了显著的成效，强有力动员下的社会参与有利于降低PM2.5的浓度。但在APEC结束后，大气质量恶化，政策执行带来大气质量的改善不复存在。但此次政策执行过程对大气污染防治规律、转变生产生活方式等经验进行了深入总结，这是本次“运动式”治污过程的结束，也是此后治污的宝贵经验和借鉴（见表3—12）。

表3—12　APEC政策执行评价

主要问题	表现与阐释
经济成本高	政策过程以工业、企业的停产限产作为代价，各项控制污染举措涉及人数众多，企业损失、工人下岗或失业，甚至造成中国钢产量、水泥产量、工业产出的巨大损失，经济成本巨大
治污效果反弹	APEC结束之后，工业企业恢复生产，限制性措施取消，导致治污结果反弹，雾霾污染恢复
行政秩序打乱	六省区市及十几个行政部门以APEC空气质量保障作为工作核心，却打乱了日常工作的行政秩序
执法能力有限	环保部门执法能力有限，需要公安、交管、市政等众多职能部门的协作才能解决污染的众多源头，也凸显了日常执法过程中环保部门的弱势地位及权力能力不足
对公民生活的入侵	单双号限行和放假、烧烤等控制污染措施在某种程度上形成了对公民自由生活的入侵，引起了群众对政府权力边界的质疑

资料来源：根据案例材料整理所得。

（五）关键影响因素提取

第一，国际关注和高层领导的重视。本次APEC空气质量保障行动关系到中国的国际形象，被赋予重大的政治意义，因而得到了国家环保部、京津冀及周边地区大气污染防治协调小组乃至国家主席习近平同志的重视。因而，治污行动得到了充足的权力和资源支持，得以打破区域和部门界限。

第二，完备详尽的政策方案。本次治污行动目标清晰明确，在国家政策方案的基础上，各地区制定分方案，形成了一个完整的政策体系，政策体系对总目标的层层分解减少了地方和官员的自由裁量和曲解空间，保证了政策的落实。

第三，政策目标的一致。政策目标的冲突性会对政策执行的动力和难度造成很大影响。根据《国务院大气污染防治行动计划》《京津冀及周边地区落实大气污染防治行动计划实施细则》《“十二五”主要污染物总量减排目标责任书》等政策对空气污染控制的进程安排，此次 APEC 空气保障行动的短期目标与京津冀六省区市的中长期治污减排目标是一致的，因此，多数地区都通过锅炉改造、工业淘汰、车辆排放检验等方式将治污行动提前，实现了短期目标和中长期目标的有效融合。

第四，有效动员机制。动员机制主要是通过宣传诱导、物质刺激等手段使得动员客体接受和认同主体的权威和价值主张，从而有利于开展行动、实现主体的目标（李斌，2010）[①]，包括了行政体系内部的动员和政府对社会的动员。以降低机动车污染排放为例，北京市首先召开宣传、动员和部署大会，通过“环保承诺”将环保目标分解到户，“宣传和动员大会”能够将信息和权力话语进行仪式化传递，通过强调“运动”的意义能够提升参与热情；同时辅之以多种形式的督查和惩罚措施，纠正行动偏差，确保政策落实。

第五，有力的激励机制。为保障 APEC 期间空气质量，科层体系内部层层落实责任制，将行政主要负责人纳为第一责任人。因为 APEC 具有“重大政治意义”，保障措施的落实也被认为是具有政治觉悟和大局意识的表现，能够在很大程度上调动起官员的积极性。APEC 结束后，召开表彰和总结大会，对作出贡献的人群和组织进行奖励，这是对本次运动治污过程的后期激励，也形成对下一次运动的前端激励。

---

① 李斌：《政治动员与社会革命背景下的现代国家构建——基于中国经验的研究》，《浙江社会科学》2010 年第 4 期。

第六，过程的严格控制。由中央牵头，六省市对联合治污行动的过程进行了严格控制。天津市建立了8000个大气污染防治网格，调动起24000名基层网格员的积极性，又抽调了16名局级干部、百名处级干部组成16个检查小组，做到监督、管理无死角。河北省通过驻厂、驻点、驻地24小时专人看管督导，并利用卫星、无人机等方式开展无间断全覆盖巡视。严格、周密的事前、事中、事后控制组成了一套强有力的控制体系。

第七，社会全方位的参与。“APEC蓝”的实现离不开社会各界的全方位参与，行政体系内各级官员和工业企业被有效动员，普通公众也通过公车出行、减少露天冒烟行为、监督举报等方式推动了治污进程。此外，与此前的治污过程相比，公民意识具有较大提升，尤其是借助于互联网，信息传播、社会监督和公民参与的主动性和能力都有显著提升。

四 跨案例分析

（一）案例比较

在案例选取过程中，本书依据时间顺序，并参照洛伊和朱玉知的政策分类框架选取了京津冀地区较为典型的四种政策执行模式，通过对污染企业搬迁的行政性执行、风沙源治理的象征性执行和APEC空气保障的运动式执行三个案例过程的详细分析，发现了促进政策执行的重要阶段、影响因素及情境构成，有利于进一步对比分析和理论总结。但是，也能从案例分析中发现，影响大气污染防治政策执行的因素众多，行动主体广泛。因而，在第二章情境与行动者的分析框架下，本书将以行动者为核心，分析影响行动者行为的情境性因素和构成。在此之前，通过对多个案例的政策阶段开展比较分析，提炼重要阶段和影响因子，然后通过归纳情境构成，提出理论分析模型，为下一步的定量检验奠定基础。

在案例比较分析中，根据政策过程分析的线性模式，按照不同阶段对政策执行进行解读，如表3—13所示，将政策过程阶段不严格地划分为问题缘起、政策制定、政策传达、政策执行几个阶段，因为政策激励和控制机制的重要性，因而对其进行了单独分析。

表3—13　跨案例比较分析

阶段	案例1：污染企业搬迁	案例2：风沙源治理	案例3："APEC蓝"	重要特征
问题缘起	污染危害；北京发展转型与定位升级	污染形势严峻，危害巨大	污染形势严峻；短期国际会议需求	问题自身的严重性及基于内部发展或外部社会形势所迫
政策制定	北京市政府出台政策，然后中央政府出台政策	中央政府出台政策文件，然后地区出台政策	中央出台政策，然后各地区出台分解政策	政策发布主体机构及中央和地方政策的配套
政策传达	制定搬迁名单，传达到各企业单位	政策缺乏分解，按照中央政策实施	各地区纵向和横向分解	政策目标的清晰性、冲突性和政策对象及政策工具选择
政策执行	企业强制搬迁	按照政策收益和难度有选择地执行	按照政策目标有效执行，甚至出现主动加码	政策对象的态度及能力；政策复杂性及主体动力
政策激励	保留搬迁企业部分福利；给迁入地带来经济激励	中央针对性经济补贴	政治意义赋予	政府主体动力及政策解读
政策控制	限期搬迁，保证实施	局部形式性监督	全面、深入、严格的监督和控制体系	政府威权、监督体系完备程度
政策结果	有效实施	部分有效	有效实施，甚至比政策预期更好	—

资料来源：根据探索性案例研究过程整理所得。

在问题缘起阶段，首先是问题自身的严重性，正是不断加重的大气污染才能引起政策关注，进入政策议题。污染企业搬迁和风沙源治理都是源于内部需求，而“APEC 蓝”则与外部需求相关，“APEC 蓝”的政策结果更加有效地表明了在某种情况下，内外部社会关注度尤其是外部社会关注可能对政策过程起到重要的催化作用。

在政策制定阶段，三个案例都有中央和地方的政策出台，但是政策初始发布机关不同，政策的意义也不同。污染企业搬迁起始于北京市政府，因此是地方行为，而风沙源治理和“APEC 蓝”都起始于中央政府的政策，是国家政策行为，因此其重要性更大。但是中央和地方的政策配套也至关重要，在案例 1 和案例 3 中都有中央政策和地方政策的完整、详细配套，但案例 2 的政策衔接不够完备，对政策结果也必然产生影响。

在政策传达阶段，三个案例产生了明显差异，案例 1 和案例 3 政策目标清晰，冲突性较小，因而政策得到有效传达和分解，但案例 2 中政策目标和政策手段的模糊性导致了政策传达和动员的不足。

政策传达和动员直接关系到政策执行，案例 1 的政策内容相对简单，企业的讨价还价能力和空间有限，再加上对企业和地方政府的一些有效激励与严格控制，保证了政策执行结果的有效性。案例 2 的政策相对复杂，政策主体的收益和难度不一，而政策过程监督有限，只有局部的形式性监督，因此出现了政策执行主体根据自身利益的选择性执行及大量的政策变异。案例 3 政策目标清晰，执行主体通过政策的政治意义解读，极大地调动了执行动力，全过程的严格监督和控制机制也防止了投机行为，因此，政策不仅得到有效实施，甚至出现了超过政策目标的加码执行。

（二）阶段划分与影响因素

基于对污染企业搬迁、风沙源治理和“APEC 蓝”的深入分析，发现三个案例的政策过程中都存在明显的阶段特征，结合政策阶段理论和案例的比较分析，将政策过程整合为政策议题、政策形成、政策执行和政策控制四个阶段，如表3—14所示，并将影响大气污染防治政策执行的因素归类嵌入这四个阶段，其中政策执行是指狭义的政策执法过程。

表3—14　　　　政策过程的阶段划分

阶段划分	政策阶段	关键步骤	影响因素
阶段一	政策议题	问题出现方式	污染的严重性 公共问题的内外部契机
		政策初始环境	经济发展水平 国内外社会关注度政治环境
阶段二	政策形成	政策目标确定	政策目标清晰度 政策目标分解状况 政策目标是否冲突
		政策工具选择	政策工具的有效性
阶段三	政策执行（政策执法）	官僚组织运行	环保部门执法能力 跨区域和部门的职能整合 组织机构沟通与协调 资源供给（财力人力）
		规制对象行为	污染企业的议价能力和空间 社会公众的污染行为
阶段四	政策控制	激励与控制机制	中央和地方政府威权 经济激励与协调 政治激励与平衡 监督机制 绩效考核机制
		外部干预	网民、社会组织、媒体的社会监督

资料来源：根据探索性案例研究过程整理所得。

政策都起始于社会问题，而问题的出现方式会影响到政策议题的轻重缓急，对政策初始环境的识别是影响政策议题向政策议程转变的关键环节。因而，政策议题形成阶段的“情境”就直接决定了社会问题能否成为“政府意愿”。大气污染问题的严重性和复杂性是大气污染防治政策形成和执行的基础，但污染形势过于复杂也会给政策执行带来治理技术上的挑战。随着污染形势加剧，污染问题会通过某种公共事件进入政府视野，这种契机有可能是来源于政府内部改善社会治理的需求，也有可能是因为某些压力事件促成，契机的来源和性质的影响贯穿于整个政策过程。政策初始环境的识别是对政策环境支持度的初步预估，最重要的是政治支持、经济支持和社会文化支持。

在政策形成阶段，政策目标的设定、分解程度、政策工具的选择决定了政策的完整性、清晰性和有效性。政策目标之间的冲突会影响政策执行动力，政策目标的模糊也可能导致政策执行无的放矢，缺乏固定统一的监督标准。模糊—冲突模型就是根据政策的模糊性和冲突性将政策进行分类，政策模糊程度较高可能会造成象征性执行，当然，有些模糊政策能够消解冲突，有利于政策过程的协商。政策的冲突程度较高则会遭遇更多的执行阻力，造成选择性执行、象征性执行等政策变异，必须用较为强大的政府威权才能推动政策执行，这就是政治性执行。“APEC 蓝”的实现过程就彰显了完整清晰的政策体系和政府威权对减少政策变异、化解政策冲突的重要作用，而行政命令性政策工具可操作性高、效果好，保证了政策执行的顺利推进。

在狭义的政策执行阶段（或政策执法阶段），官僚组织和规制对象是执法的二维主体，官僚组织主动执法，而规制对象被动配合，对政策执行结果产生直接影响。官僚组织的运行、沟通、合作机制是执法的基础，表现为环保部门的执法能力、环保部门与其他职能部门的联合执法能力、跨区域联合执法的沟通和协调能力等，这是官僚组织执法的权力支持。此外，在人事、财政、物资等方面的资源供给和利益调节是官僚组织运行的物质支持。在风沙源治理过程中，因为地区之间、部门之间在不同项目的政策执行中收益不同，因而出现了“挑肥拣瘦”等挑项目执行的现象。规制对象主要是各类污染性工业、企业、工地，但因为复合型大气污染来源的复杂性，汽车尾气、露天烧烤、焚烧秸秆等公众行为也会对大气污染产生不可忽视的影响，因此，社会公众的污染行为也被纳入规制范围之内。污染企业根据自身的能力、性质、地位在一定范围内具有对政策执行进行“讨价还价”的能力，甚至可能会和地方政府结为利益联盟，受到地方政府的执法保护。公众对政策的协商空间较小，但政策的合理性、合法性也会遭遇社会舆论的不断质疑。因此，如何激励地方政府和官僚组织，割裂污染企业和政府的利益链，压缩规制对象的活动空间，就成为提高政策执行力的重要路径。

通过政策控制，加强外部干预，即是政策有效执行的重要保证。政策控制阶段与政策执行并不是简单的时间顺承关系，而是具有相互嵌入的特性，但因为政策执行控制的重要性，此处单独划分为一个阶段。政策控制主要分为官僚体系内部的激励与控制机制建立以及外部的社会干预。政策执行是政府意志的体现，因此，国家政治体制和政府威权程度是政策执行的权力基础及合法性来源。此外，中央对地方、上级对下级的经济激励、政治激励是调动科层官僚组织运作的重要法宝。而监督和考核机制则是激励体系的具体量化。网民、媒体和社会组织的监督、宣传等作用能够对控制能力的提升提供重要补充。

第五节　本章小结

本章着重描述和分析了污染企业搬迁、风沙源治理和“APEC

蓝”的典型案例，并通过对案例的梳理和总结，提出了大气污染防治政策执行的阶段和影响因子体系。基于第二章提出的全新的分析框架“情境与行动者”，本书选取了多个典型案例开展探索性研究。经过对三个政策案例的深入挖掘和比较分析，将政策执行过程进行了阶段性划分，并通过合并归类，将政策执行分为政策议题、政策形成、政策执行（政策执法）和政策控制四个阶段，找出每个阶段的关键步骤的重要影响因素，这些关键步骤和因子的梳理为后面章节的理论模型的提出和影响路径分析奠定了基础。

第四章

因子模型及研究设计

通过跨案例探索性研究，完整地找到了大气污染执行的影响因素，这些因素间的顺承联系被揭示出来，并被划分为不同的阶段。首先，本章在跨案例研究的基础上，结合情境与行动者分析框架，将这些影响因素系统化、理论化，进一步将这些影响因素扩展和整合为一个体系完整的EGSA概念模型；其次，完整地阐述该理论模型的内涵，比较它和既有的政策执行分析框架的优点，揭示出这个模型在政策执行分析中的科学性和适用性；最后，根据这个模型的宏观内涵进行研究设计，并对研究过程进行整体介绍，为进一步通过数量模型来测量和检验影响因素与政策执行间的关系奠定基础。

第一节　EGSA概念模型的提出

在跨案例研究的基础上，通过对多个案例过程的比较研究，发现政策执行不是一个单一的概念，它有着复杂的内在过程，受到多个政策阶段和诸多因素的影响，因此，不能将政策执行和政策形成、制定和控制的全过程相分离，必须置于一个统一的分析框架下考虑。因此，结合第三章对政策阶段的划分和重要影响因子的梳理，按照情境与行动者的分析框架，将这些影响因素进行整理和归纳（见表4—1），最终将这些影响因素分为四个方面：政策的环境支持度（Environment）、目标锁定（Goals）、制度系统（System）以及行动者行为（Actors）。

表4—1　　基于理论转化的大气污染防治政策执行影响因素整合

政策阶段	影响因素	理论基础	整合结果
政策议题	污染的严重性 公共问题的内外部契机 经济发展水平 国内外社会关注度 政治环境	线性政策执行研究	政策的环境支持度 （Environment）
政策形成	政策目标清晰度 政策目标分解状况 政策目标是否冲突 政策工具的有效性	模糊—冲突模型 线性政策执行研究	政策目标锁定状况 （Goals）
政策执行 （执法）	环保部门执法能力 跨区域和部门职能整合 组织机构沟通与协调 资源供给（财力人力） 污染企业议价能力空间 社会公众的污染行为	制度行动者理论 块状政策执行研究	制度系统（System） 行政系统（及人员） 行为（Actors）
政策控制	中央和地方政府威权 经济激励与协调 政治激励与平衡 监督机制 绩效考核机制 网民、社会组织、媒体的社会监督	制度行动者理论 地方官员激励理论 块状政策执行研究	规制对象行为 （Actors）

情境与行动者分析框架以行动者行为为核心，讨论行动者行为

构成及影响行动者行为的情境性因素。本书提出政策环境、政策目标、制度系统和行动者行为的 EGSA 概念模型，认为环境、目标和制度系统是影响行动者行为的结构性因素，构成影响行动者行为的“情境”，多案例探索的影响因子能够有效组合在 EGSA 模型框架之内，如图 4—1 所示。

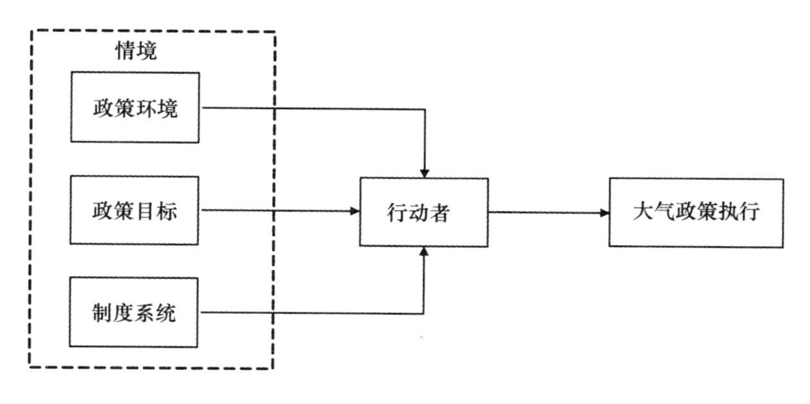

图 4—1　EGSA 概念模型的基本框架

外部环境是政策形成和执行的初始情境，贯穿于整个政策执行过程，不同的情境因素有可能改变政策执行的路径，因而对政策环境的识别和适应是政策执行的前提。政策目标是政策执行的方向，政策目标的清晰性、冲突性关系到政策执行方案的分解，成为影响政策执行工具选择的重要因素。制度系统形塑了政策执行过程的组织结构、区域合作方式以及激励控制机制，它是政策执行主体的动力来源；行动者在政策执行过程中具有能动性，行动者利益博弈和协调可能会直接作用于政策执行全过程。总之，大气污染防治政策的环境支持度（Environment）、目标锁定（Goals）、制度系统（System）以及行动者行为（Actors）共同形塑了大气污染防治政策执行过程。来自这四方面的影响因素从不同方面、不同路径对政策执行施加影响，政策执行主体如何认识和把握好这些因素决定着执行效果。然而，分析模型还有诸多值得深入挖掘的地方：首先，EGSA 概念模型中每个模块的基本构成是什么？其次，E、G、S 模块会有哪些组合情境，从而对行动者产生何种影响？再次，四个模块分别对政策执行过程和结果产生了什么影响？最后，这些模块和因素之间是否具有内在联系？由此可见，基于跨案例分析提炼出的 EGSA 概念模型只是一种宏观的分析框架，该模型实现了对影响因素的基本综合和系统化，但尚未对影响因子细化及展开测量。因此，为了进一步揭示政策执行的影响因素及其作用机理，需要通过来自实证的数据对这些影响因素进行科学的、客观的检验和修正。

基于大气污染防治政策有效执行的 EGSA 概念性分析模型，可以将初始假设设置如下。

H1：大气污染防治政策的环境支持度会对政策执行效果产生显著影响。

H2：大气污染防治政策的目标锁定情况会对政策执行效果产生显著影响。

H3：大气污染防治政策执行过程的制度激励和控制体系会对执行效果产生显著影响。

H4：大气污染防治政策执行过程中各行动者行为策略会对执行效果产生显著影响。

第二节　EGSA 概念模型的演变历程

政策执行影响因素分析的 EGSA 概念模型并不是空洞的，它既有理论的深化和扩展，也有着具体的、可操作化的内涵。从理论发展角度看，情境与行动者分析框架和 EGSA 概念模型都是以行动者为中心进行考量，这是对制度分析和伯恩斯 ASD 模型的发展，也注意到政策本身作为一种制度所隐匿着的激励因素；从模型内涵看，外部环境、政策目标等因素的加入可以更好地理解制度与行动者之间的关系，有利于科学地解释政策执行的影响因素。

一　EGSA 概念模型的借鉴与形成

EGSA 模型深受传统制度主义影响，它既注意到制度系统的约束和激励作用，也注意到能动者本身的主观能动性，且重视制度和能动者间的互动对政策执行的影响。传统制度主义者在对政策执行进行分析时，主要关注到外在制度系统对行动者行为产生的影响，将能动者行为视为制度激励的静态结果，行动者的能动性没有得到展现（见图 4—2）。在这种理论的影响下，大气污染防治政策无法执行的原因被归咎为行动者动力不足、机会主义行为、利益不相容等，提升大气污染防治政策执行绩效的路径也就在于改进外部制度激励，约束行动者的不良行为。实际上，在大气污染防治政策执行过程中，行动者行为既受到制度系统的影响，实际上它本身也是一个独立的影响因素，行动者本身的构成就是多元的。EGSA 模型注重对大气污染防治政策中多主体行为的分析，在严格界定制度激励因素与能动者行为互动关系的基础上，还将加入中央政府、地方政府、企业以及社会公众等主体。

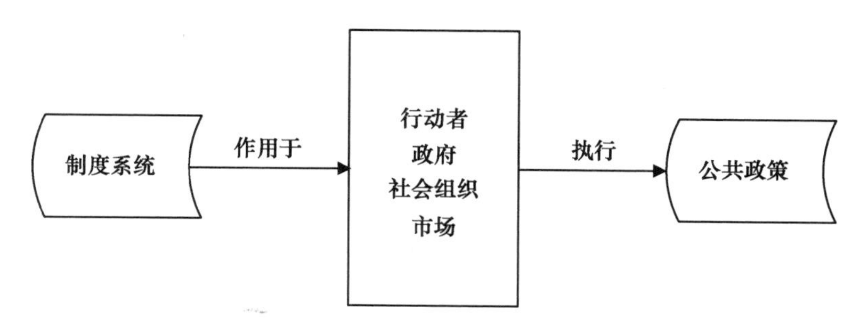

图 4—2　传统制度分析方法路径

随着制度—能动者视角在政策执行分析中日益盛行，越来越多的学者关注到政策执行中制度系统、能动者及其两者的互动关系，其中以伯恩斯的 ASD 分析模型较为典型。ASD 模型在制度分析的基础上强调行动者的能动作用，尤其是制度系统与能动者间的互动过程对公共政策执行的影响（见图 4—3）。例如，大气污染防治政策执行的制度结构限制了中央政府和地方政府的利益关系，但央地之间的博弈过程却有可能迫使中央改变对地方政府的激励约束，由此推动制度系统的变迁，进而改变大气污染防治政策的执行过程和绩效。然而，与 EGSA 模型相比，ASD 模型在政策执行分析中存在着明显的缺陷：首先，EGSA 模型还注重外部环境等情境性因素对行动者行为的影响，行动者行为受到制度系统的激励约束影响，外部环境因素是大气污染防治政策执行的场域，具有广泛的影响；其次，EGSA 模型也注意到政策目标对政策执行的影响，大气污染防治政策目标本身也是一种激励因素，能否正确地分解和锁定政策目标，影响着政策执行能否顺利推进，以往的政策执行因素分析往往忽视了政策目标本身隐匿的激励作用。

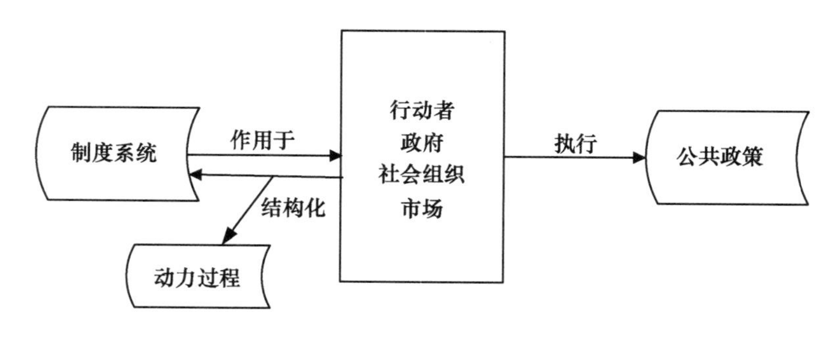

图 4—3　ASD 分析路径

因此，从传统制度分析、ASD 模型到本书的 EGSA 模型，是对政策执行分析框架的发展和深化。EGSA 模型更加强调行动者的能动性、政策执行目标以及政策执行的外部环境等多维因素，通过外部情境和行动者互动关系的描述，能够提高政策分析模型的解释力，对于提升大气污染防治政策的执行具有更强的政策启示。

二　EGSA概念模型的基本内容

大气污染防治政策执行影响因素的EGSA概念模型包括四个方面：环境支持度、目标锁定、制度系统及行动者行为（见表4—2）。

表4—2　　EGSA概念模型因子构成

因素类别	影响因素
环境支持度	经济水平；国内外社会关注度；政治规划
目标锁定	政策完善度；政策目标冲突性；政策目标清晰度；政策工具有效性
制度系统	中央政府权威；区域合作；部门职能的整合；激励制度；监督控制体系；环保部门执法能力；资源供给能力
行动者行为	中央政府；地方政府和官员参与动力；社会公众参与能力；企业讨价还价能力；媒体的作用；其他利益相关者行动

首先，环境支持度包括经济水平、国内外社会关注度以及政治规划等方面。政策执行总是在特定的经济社会环境中发生的，外部情境性因素有可能会对政策议题选择造成影响，进而关系到政策执行的经济基础和民意基础。其次，政策目标包括某项大气污染防治政策的完善度、政策目标是否清晰以及政策目标间是否有冲突等内容。政策目标本身就是一种制度激励，大气污染防治政策执行主体能否明确锁定和分解目标，对于整个政策执行都具有至关重要的影响。再次，本书的制度系统是广义的，不仅仅包含政策执行的某种激励和控制体系，还包括组织管理机构等其他结构性因素。因此，大气污染防治政策执行的制度系统包括中央政府权威、区域合作、部门职能的整合、激励制度、监督控制体系、环保部门执法能力以及资源供给能力等因素。最后，政策行动者包

括中央政府、地方政府、企业主体、社会公众以及其他利益相关者,这些主体行为的相容或冲突、能力或卸责等因素是分析大气污染防治政策执行的重要考虑层面(见图4—4)。

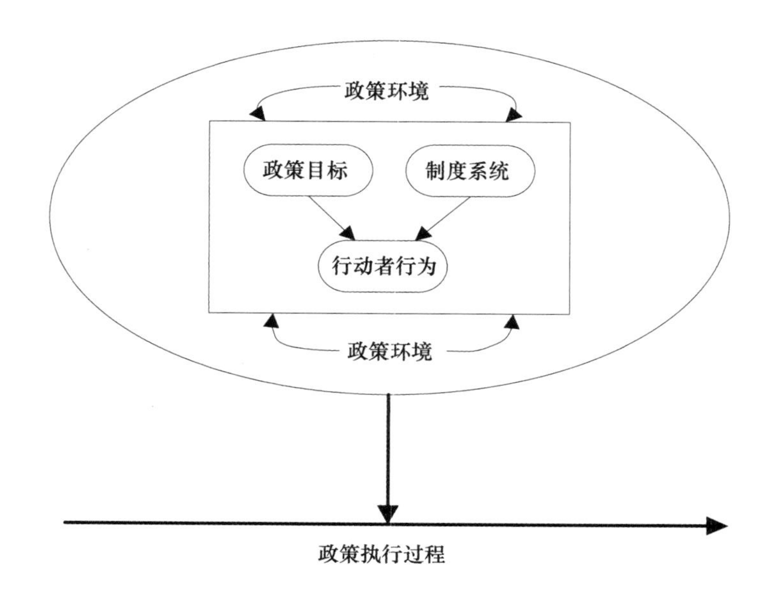

图4—4 EGSA概念模型作用机理

第三节 EGSA概念模型的内涵阐释

一 环境支持度

政策环境是指在政策形成、存在、发展、执行的过程中一切因素的总和,包括了外部环境和内部环境,它对政策意义赋予、政策目标制定、政策关注度、政策权威都产生重要影响。[①] 因而,政策环境成为政策研究中不可忽视的重要变量,但政策环境对政策过程

① 陈振明:《政策科学——公共政策分析导论》,中国人民大学出版社2004年版,第55—60页。

起什么样的作用、作用方式和大小却有不同的理解。

社会学家欧文·戈夫曼（Erving Goffman）[1] 认为政治活动是一个“舞台”，政治演员通过“台前”（Front Stage）、“幕后”（Back Stage）的表演，获得选民“观众”的支持，构成剧场政治。在此过程中，两个最重要的概念是“情境合宜”与“剧场共谋”，情境合宜即是指剧场中行动者的行为选择取决于剧场环境。政策环境是政策发展的背景，不同的政策主体在舞台上扮演不同的角色，共同决定了政策走向。政策环境是政策执行的“情境”，组织因素和非组织因素共同构成了政策场域，即“环境场”[2]，情境的变迁又会给政策过程和政策及结果带来政治、社会影响。

政策执行研究已经注意到了政策环境的重要影响作用，并将其纳为变量指标，在诸多研究领域开展了实证研究，并将政策的环境适宜程度分类评估，提出了政策环境指数等概念。[3] 李孔珍等（2006）梳理了政策环境的制度模型、政治系统理论、渐进主义模型和垃圾桶模型，认为静态的制度体系、动态的政治系统、对过去政策的学习以及政策过程有组织的无序都会对政策效果产生重大影响。[4] 具体到政策执行领域，影响政策执行的因素包括了政治环境、经济环境、政治文化环境和社会心理环境等。[5] 本书将政治文化环境分别融入政治环境和社会心理环境范畴，从政治环境、经济环境和社会心理环境三方面加以分析。

---

① ［美］欧文·戈夫曼：《日常生活中的自我呈现》，冯钢译，北京大学出版社 2008 年版，第 70 页。

② 赵曙明、李乾文、张戌凡：《创新性核心科技人才培养与政策环境研究——基于江苏省 625 份问卷的实证分析》，《南京大学学报》2012 年第 3 期。

③ 郝臣：《中小企业成长：政策环境与企业绩效——来自中国 23 个省市 309 家中小企业的经验数据》，《上海经济研究》2006 年第 11 期。

④ 李孔珍、洪成文：《教育政策模型的比较研究——政策主体和政策环境的视角》，《比较教育研究》2006 年第 6 期。

⑤ 张开平：《论社会环境对政策执行的影响》，《市场周刊》2008 年第 12 期。

政治环境。政治环境包含了政府形象、政治过程、政局安定等方面，其中最关键的是政治系统的权力关系、决策模式和政府能力。在中国，政治系统也决定了行动者构成，按照权责不同，可以分为党、人大、政府和职能部门。在中央层面，表现为党中央、全国人大、中央政府和职能部门；在地方环境政策过程中，相对应的分别是地方党委、地方人大、地方政府及其职能部门。党被认为是政策制定和治理决策的"中心""一把手"，具有与大气治理和政策执行相关的诸多权力，主要表现在目标和战略设定、政策议程设置、人事安排和冲突调解四个方面，冉冉将政策模式归结为"党控制下的有限多元主义"，认为党作为环境政治话语的塑造者，具有大气保护主导型政治话语的提出、制定和传播权，因而，党对环境保护和大气治理的认识会为国家大气保护政策"定调"。[①] 随着环境问题对中国社会稳定发展的意义越来越重大，党对环境保护的态度也历经几次变革，并将生态环境保护纳为国家发展战略和基本国策。

人大作为立法机关，享有大气污染防治政策制定权，但全国各级人大、国务院和地方政府一起制定的大气法律、法规、政策又服从于，并在事实上回应着党的指导，在积极主动性上有一定的匮乏。全国人大及其常委会在2000年通过了《大气污染防治法》，15年之后才进行了再次修订，2015年颁布了新的《大气污染防治法》。同样，1989年通过的《环境保护法》在近几年的强烈呼声下开始修订，2015年开始实施新的《环境保护法》。严重的时滞导致大气污染治理在长时间内无法可依，但是新法的出台也彰显了重视环境问题的政治信号。政府和职能部门享有制定政策法规和选择政策工具的权限，但因为污染源不同，污染管理权力又分散在不同的

---

① 冉冉：《中国地方环境政治：政策与执行之间的距离》，中央编译出版社2015年版，第42—47页。

部门里，职能交叉、冲突导致权力碎片化特征明显，因而政策执行受到地方激励机制的极大影响，当下中国的地方考核和干部晋升机制被认为是大气污染防治政策执行的掣肘，而这种考核机制的指引作用归根结底取决于政府的发展战略和政治需要，改革开放以后，经济发展成为一切工作的中心即是基于中国政治需求转变做出的调整。因此，大气污染防治政策执行度政治环境可以概括为党、人大、政府机关对大气环境问题的重视态度，这种态度可以从党的文件、人大制定的法律和政府的管理考核机制中加以揣度。这种政治态度反映了高层对大气问题的关注度，也决定了大气污染防治政策的政治意义赋予。

经济环境。经济环境主要是指经济发展水平、产业结构等因素。环境经济学的学者们主要探讨了不同经济发展水平和经济结构下环境污染状况的变化情况，认为随着经济发展，污染会加剧，但是 GDP 的进一步增加则会带来一个拐点，从而降低污染，这就是环境的倒 U 形库兹涅茨曲线。① 但是这个拐点不会自动实现，必须通过引进人力资本、进行清洁技术创新，这是提升环境治理的关键。② 解雪梅等（2015）认为制造业总体产值与环境治理效率之间存在倒 N 形曲线关系，即制造业产值的提高会先降低、再提高、再降低环境治理效率。③ 同时，环境治理也能产生经济价值。④ 经济发展水平高，能够为大气污染防治政策执行提供物质基础，而在产业结构落后地区执行大气污染防治政策则可能带来经济发展、就

---

① Wang, S. & Hao, J. (2012). Air Quality Management in China: Issues, Challenges, and Options. *Journal of Environmental Sciences*, 24 (1): 2-13.

② 黄菁、陈霜华：《环境污染治理与经济增长：模型与中国的经验研究》，《南开经济研究》2011 年第 1 期。

③ 解学梅、霍佳阁、臧志彭：《环境治理效率与制造业产值的计量经济分析》，《中国人口·资源与环境》2015 年第 2 期。

④ 邓国营、徐舒、赵绍阳：《环境治理的经济价值：基于 CIC 方法的测度》，《世界经济》2012 年第 9 期。

业、稳定等诸多压力，降低了地方政府的执行动力。

社会心理环境。社会心理环境对环境治理和环境政策执行起到一定的催化或者阻碍作用，人们通过心理互动和心理沟通，形成了对环境污染的共同的心理尺度和社会心理环境。但不同人的环境意识水平与其性别、年龄、收入、教育状况、居住地、健康程度等因素相关。此外，对农民、大学生、城市居民、旅游者及不同国家和地区环境意识的比较研究也发现，虽然总体上中国公众的环境意识逐渐提升，但是整体上仍是偏向物质主义和浅层次的。[①②] 郑思齐（2013）通过对86个城市的面板数据进行分析，发现公众环境关注度对环境治理具有重要的推进作用，在以PM10为例的空气污染治理研究中，公民关注度越高，环境库兹涅茨曲线会越早地跨过拐点，从而实现经济发展与环境改善的双赢[③]。此外，环境的社会关注度也受国际社会影响，PM2.5进入公众视野就与美国大使馆及国际社会的关注有关，而国际奥委会对绿色奥运的要求也敦促北京及其周边地区致力于改善区域环境质量。公民和政府环境危机意识的建构来自社会多种文化舆论背景的交叉反应。[④] 因此，社会心理环境主要体现为公众的大气环境价值认知、大气污染耐受度和大气污染关注情况，支持型社会心理环境能够对大气污染防治政策的执行产生推动作用。

基于以上分析，本书提出以下研究假设。

H1a：大气环境治理的政治需要程度对大气污染防治政策的执行产生重要影响。

---

① 闫国东、康建成、谢小进等：《中国公众环境意识的变化趋势》，《中国人口·资源与环境》2010年第10期。

② 洪大用：《中国城市居民的环境意识》，《江苏社会科学》2005年第1期。

③ 郑思齐、万广华、孙伟增等：《公众诉求与城市环境治理》，《管理世界》2013年第6期。

④ 张玉林：《危机、危机意识与共识——“雾霾”笼罩下的中国环境问题》，《浙江社会科学》2014年第1期。

H1b：地区经济发展水平和结构对该地区大气污染防治政策的执行产生重要影响。

H1c：大气污染的社会认知和关注对大气污染防治政策的执行产生重要影响。

二　政策目标

除了对政策环境的分析，政策特征也直接影响了政策执行，因此就形成了政策文本的分析路径。这是因为政策通过规定游戏时间、地点、目标和规则来实现“从文本上干预实践”，即权威控制社会价值的过程。[①] 学者们用政策文本方法分别研究了产业政策[②]、教育政策[③]、国家创新政策[④]等不同的政策领域。张荣瑞（2015）则更深入地探究了政策文本的哪些属性会造成政策文本的传递和执行偏差，通过内容分析的实证研究方法，发现政策冲突性影响最为显著。Lowi（1972）也认为政策特征本身决定了政策的政治过程，因而分析政策自身的权威构成、作用方式具有重要意义。[⑤] 基于这一模型，魏姝（2012）通过对中国的多案例比较研究发现，当政策利益空间较小，政策的执行情况通常受制于政策自身的状况，如资源供给、目标清晰等因素。Matland（1995）提出了政策执行的模糊—冲突框架，根据政策目标和手段的模糊、冲突程度不同来理解政策执行的差异，这样就能够将政策类型和政策领域加以区分，从而能够解释为什么在同样的体制、环境下，有些政策能够得到有效

---

① 涂端午、魏巍：《什么是好的教育政策》，《教育研究》2014年第1期。

② 张镧：《湖北省高新技术产业政策研究（1978—2012）：政策文本分析视角》，博士学位论文，华中科技大学，2014年，第34页。

③ 涂端午：《教育政策文本分析及其应用》，《复旦教育论坛》2009年第5期。

④ 刘云、叶选挺、杨芳娟等：《中国国家创新体系国际化政策概念、分类及演进特征——基于政策文本的量化分析》，《管理世界》2014年第12期。

⑤ Lowi，T. J.（1972）. Four Systems of Policy，Politics，and Choice. Public Administration Review，298－310.

执行，而另外一些不能，突破了自上而下和自下而上的分析框架。[①]刘炯（2015）通过实证分析发现，在生态转移支付中，目标协同是提升激励效果的关键。[②] 竺乾威（2012）以此为依据分析了“拉闸限电”政策的执行情况。[③] 朱玉知（2013）分别分析了中国四类环境政策模式的执行过程，认为中央政府的权威监控、地方政府的利益联盟、资源和组织机构、利益平衡成为影响政策执行的关键要素。冉冉（2014）将其运用于中国环境政策执行的分析，认为环境政策目标、部门利益和政策工具的冲突性以及政策目标和手段的模糊性导致了执行偏差。甚至某些象征性政策的出台，本身就只是一种对环境价值理想的尊重，是政府回应性和责任感的体现，成为社会信任和政府合法性来源的一种选择，从而割裂了政策制定与政策执行之间的逻辑联系。[④] 因此，大气污染防治政策目标的量化情况与分解程度越高，则政策清晰性越高，越有利于政策执行。政策目标与其他发展目标的冲突性越大，则政策执行阻力越大。此外，多样和有效的政策工具选择也能够有效推进政策执行。

基于以上分析，本书提出以下研究假设。

H2a：政策目标的清晰度对大气污染防治政策的执行产生重要影响。

H2b：政策目标的冲突性对大气污染防治政策的执行产生重要

---

① Matland, R. E. (1995). Synthesizing the Implementation Literature: The Ambiguity-Conflict Model of Policy Implementation. *Journal of Public Administration Research and Theory*, 5 (2): 145 - 174.

② 刘炯：《生态转移支付对地方政府环境治理的激励效应——基于东部六省46个地级市的经验证据》，《财经研究》2015年第2期。

③ 竺乾威：《地方政府的政策执行行为分析：以“拉闸限电”为例》，《西安交通大学学报》2012年第2期。

④ 冉冉：《中国环境政治中的政策框架特征与执行偏差》，《教学与研究》2014年第5期。

影响。

H2c：政策工具的选择对大气污染防治政策的执行产生重要影响。

三　制度系统

近年来，受科斯、诺思等人的制度理论影响，越来越多的学者开始关注制度对经济增长的作用，制度安排是国家经济增长的深层次决定性因素。因此，在解释改革开放以来中国经济高速增长之谜时，越来越多的学者通过制度激励和国家治理角度来揭示官员行为，说明地方政府、地方官员为什么愿意发展经济，由此构成了解释中国经济增长的政治经济学路径。那么这些制度激励都是一些什么样的制度安排呢？

政府威权。王绍光等认为政策执行出现问题是因为地方分权导致国家能力减退。[①] 政府威权能够通过自上而下的政策指令，上级在资源、人事、考核、奖惩等方面对下级有着强大的控制权力，[②] 但同时中国的政治运作存在着集权和分权交替重复的现象，造成政策执行的巨大差异。[③] 但是随着国家治理格局由总体性支配转向技术化治理，权力与市场、权力与社会等多种关系得到重塑，国家对市场和社会资源缺乏完整的动员能力。[④] 政府威权在地方层面的不足又会导致地方政府政策执行能力不足。[⑤]

① 王绍光、胡鞍钢：《中国国家能力报告》，辽宁人民出版社 1993 年版，第 110 页。

② Liu，L.，Liu，C. & Wang，J.（2013）. Deliberating on Renewable and Sustainable Energy Policies in China. *Renewable and Sustainable Energy Reviews*，17：191 – 198.

③ 周雪光：《权威体制与有效治理：当代中国国家治理的制度逻辑》，《开放时代》2011 年第 10 期。

④ 渠敬东、周飞舟等：《从总体支配到技术治理——基于中国 30 年改革经验的社会学分析》，《中国社会科学》2009 年第 6 期。

⑤ Ahlers，A. L.，Heberer，T. & Schubert，G.（2016）. Whithering Local Governance in Contemporary China? Reconfiguration for More Effective Policy Implementation. *Journal of Chinese Governance*，5：1 – 23.

央地权责分配。周黎安（2008）把央地权责分配情况描述为“高度集权和高度分权”，即行政权、立法权和人事权高度集中于中央（上级），公共产品供给、环境保护、社会治安维护等事权又高度分散在各级地方政府手里。致使中央管辖权和地方治理权之间产生了极大的不相容。但 Cai（2008）认为多个层级的治理架构设计能够有效分解上层政府合法性的风险，地方政府承担了大量的公共事务能够有效分散和转移社会风险，这对于维系威权政体的韧性具有重要作用。[①] 具体体现为，美国在食品安全、环境监管等方面形成了联邦政府垂直管理体制，而中国则是地方分级管理。

激励与控制机制。财政、人事、考核和晋升制度是地方官员行为的重要激励源泉。1994 年分税制之后，地方政府有发展经济的充足动机，其行为甚至出现了“公司化”倾向，地方官员有充分的自主性，中央政府无法依靠层级化的管道对地方政府进行监督，导致环境污染、社会不公以及群体性事件等问题日益凸显。[②] 在以经济增长为核心的地方晋升锦标赛下，地方官员为了政治晋升而在发展经济上相互竞争，甚至形成以邻为壑的地方保护主义。[③] 中央政府和地方政府的价值目标存在差异，考核机制错位导致环境治理的激励不相容，使中央政府的治污决心在层级传递中被打折扣。[④] 来自省级面板数据分析表明，地方政府在环境保护、公共产品供给、公共安全等方面的支出明显不足。[⑤] 因此，必须从人事和资源供给、考核和晋升机制改革等方面提高政策执行的激励与控制。

---

① Cai, Y. (2008). Power Structure and Regime Resilience: Contentious Politics in China. *British Journal of Political Science*, 38 (3): 411 - 432.

② 宫希魁：《地方政府公司化倾向及其治理》，《财经问题研究》2011 年第 4 期。

③ 周黎安：《中国地方官员的晋升锦标赛模式研究》，《经济研究》2007 年第 7 期。

④ 李永友、沈坤荣：《我国污染控制政策的减排效果——基于省级工业污染数据的实证分析》，《管理世界》2008 年第 7 期。

⑤ 余红伟：《政府财政投入对区域食品安全状况的影响研究——基于 2007—2012 年中国省级面板数据的分析》，《宏观质量研究》2014 年第 4 期。

合作机制。大气污染的区域性特征对跨域合作治理提出更高的要求，然而，由于正式的合作制度缺位，联合治污的合法性基础不足，内在激励匮乏，使得在利益协调、权责分配、政策制定、财政支持等方面都面临挑战。[①] 正式制度之外的行动者个体无序而又充满策略性的交互行为导致环境治理中的有组织失序。[②③] 魏姝认为执行机构本身以及不同层级和职能部门之间的沟通与协调是政策执行的关键性要素。[④]

基于以上分析，本书提出以下研究假设。

H3a：政府威权程度对大气污染防治政策的执行产生重要影响。

H3b：央地权责划分对大气污染防治政策的执行产生重要影响。

H3c：中央对地方的激励和控制机制对大气污染防治政策的执行产生重要影响。

H3d：合作机制对大气污染防治政策的执行产生重要影响。

四　行动者行为策略

政策执行是基于理性的制度设计和安排来实施的过程，然而在实际的行动过程中，政策执行主体的偏好是多元的，且有可能随时发生改变，而政策执行主体之间能力的差异尤为明显。传统的政策执行分析将行动者视为静态的、单一的封闭系统，忽略了行动者的变动性。EGSA 模型将政策执行过程理解为一个动态的、复杂的开放性系统，在系统之内，行动者通过话语表达、政策参与、行为选择等方式发挥自己积极的能动作用，而这一动态过程决定了政策执

① Kostka, G. (2014). Barriers to the Implementation of Environmental Policies at the Local Level in China. *World Bank Policy Research Working Paper.*

② 王惠娜：《区域合作困境及其缓解途径——以深莞惠界河治理为例》，《中国行政管理》2014 年第 1 期。

③ 马伊里：《有组织的无序合作困境的复杂生成机理》，《社会科学》2007 年第 1 期。

④ 魏姝：《政策类型与政策执行：基于多案例比较的实证研究》，《南京社会科学》2012 年第 5 期。

行的走向，行动者的互动过程促进了政策执行的及时反思和修正，从而使得政策执行过程从一个静态分布变成社会建构的动态过程。简便起见，我们将大气污染防治政策执行过程的行动者分为三个部分：行政系统、规制对象和社会公众。

（一）行政系统

行政系统是传统政策执行分析关注的重点，也是政策执行过程中最重要的行动者。行政系统的官僚组织和官员是两个不同的范畴，然而考虑到在政策执行过程中，每个官员都不再是个性化意义上的个体，他们的行为选择都不再取决于完全独立的个人偏好，而是只能按照官僚组织的集体意愿行事，因此在此处分析中，忽略官员的个性化偏好，用官僚组织的集体选择加以替代。

按照层级，行政系统可以分为中央政府和地方政府，中央政府被认为是政治精英的代表，而地方政府被认为是行政精英的代表，这种央地二分法有利于展开分析，也有利于承接已有的政策执行研究。

具体而言，中央政府和地方政府在行动中的巨大差异可以从动机、权力、资源、行为逻辑等角度加以理解（见表4—3）。

表4—3　　中央政府和地方政府的行为逻辑差异

维度	中央政府	地方政府
动机	对人民负责	对中央政府负责、对地方负责
权力	治官权	治民权
资源	充沛	有限
行为逻辑	政治理性 VS 技术理性	代理 VS 自利 VS 能力

从价值追求和动机上看，中央政府和地方政府存在明显不同。按照国家契约论，政府是人民按照一定的契约委托建立起来的组织管理机构，因而，中央政府应当以人民的利益需求作为价值追求，

政策议题起始于人民，政策结果服务于人民。中央政府作为政治精英的代表，必然要追求政治利益最大化，制定和推行政策服从政治理性；然而因为治理技术的有限性、对利益集团的妥协等因素，政策过程也不得不遵从技术理性。以大气污染治理为例，尽管生态环境保护已经成为中国的基本国策、“五位一体”发展纲领的重要组成部分，但中央政府对待环境治理的态度却并非天然如此，而是经历了一个不断加深认识的过程。中央政府与中国共产党对待环境保护的态度和认知经历了三次重要转变①：从 1982 年党的十二大首次谈到环境和生态问题，认为保护生态环境能够为发展农业生产、解决温饱问题服务；1992 年党的十四大将环境保护纳入基本国策，重视环境资源的合理使用，之后又提出了可持续发展战略，并致力于缓解经济发展与生态环境保护之间的矛盾；2007 年党的十七大以后，环境保护被提升为小康社会建设的基本目标，并将环境保护与政权稳定联系起来。党的十八大以后，习近平总书记在多种场合强调了“既要金山银山，又要绿水青山”“绿水青山就是金山银山”，这是将生态环境保护与经济发展列为同等重要的地步，并指出了其中的转换关系，显然是对环境保护意义的又一次理论深化，可以理解为中国共产党和中央政府态度的又一次转变。对环境问题的重视显然是出于政权稳定和社会发展的政治理性考虑，而政策议题的分阶段推进则是根据当时情境，兼顾经济发展而做出的技术理性选择。

在中国的政治体制下，地方政府是作为中央政府的派出机构，其产生、运行受中央政府的领导和管辖。然而，实际情况是地方政府在为中央政府负责的同时，还需要为地方发展负责，因此具有被

① 冉冉：《中国地方环境政治：政策与执行之间的距离》，中央编译出版社 2015 年版，第 42—47 页。

中央政府委托和自利的双重倾向。[1] 地方政府作为中央政府的事务代理方，接受中央政府委托，并在财政、人事、权力等诸多方面都受到中央政府的监督和控制，根据中央政府的激励制度调整行为逻辑。通常情况下，经济收益是地方政府首先考虑的因素，对于基层官僚和地方政府而言，政策过程即是各级政府的利益选择和博弈的过程。[2] "上有政策、下有对策"，地方政府和官员通过利益衡量有选择地执行，产生了大量的非正式行为，通过政策变通和上下同谋实现政策利益平衡，导致了政策变异。[3][4] 在政治事件和政策的政治性执行过程中，中央政府通过赋予政治意义、提供政治激励调动地方政府的积极性，此时，政治收益成为地方政府衡量利益得失的关键部分。这种情况下，这种政治自利倾向与地方政府作为代理人的角色相统一，服从政治权威，政策才能够得到有效实施。晋升和考核机制即是政治激励的典型表现，通过考核指标和晋升制度的设计，将地方政府和官员的"注意力"转移到中央政府需要的领域，实现中央政府的治理目标。但是考核和晋升体系的误区也会造成对政府资源的浪费和社会问题的治理盲区。大气污染治理低效显然就与政府的经济和政治激励体系滞后密切相关。此外，社会收益如名声、道德等因素也会对政府行为产生影响。

除了激励性因素外，地方政府的权力和资源供给状况决定了行为能力大小，构成其行为逻辑的重要准则。大气污染是多部门、跨区域的公共事务，合作机制和能力的匮乏会导致大气污染防治政策

---

① Jiang, P., Chen, Y. & Geng, Y. et al. (2013). Analysis of the Co-Benefits of Climate Change Mitigation and Air Pollution Reduction in China. *Journal of Cleaner Production*, 58: 130 - 137.

② Lasswell, H. D. (1956). The Political Science of Science: An Inquiry into the Possible Reconciliation of Mastery and Freedom. *American Political Science Review*, 50 (4): 961 - 979.

③ Ghanem, D. & Zhang, J. (2014). "Effortless Perfection": Do Chinese Cities Manipulate Air Pollution Data? *Journal of Environmental Economics and Management*, 68 (2): 203 - 225.

④ 周雪光、练宏：《中国政府的治理模式：一个"控制权"理论》，《社会学研究》2012年第5期。

执行失败。[①] 地方官员的流动性缩短了政策考察周期，容易带来“面子工程”“政绩工程”，而不利于污染问题的解决。地方官员的稳定性导致地方政府和污染企业容易建立起关系网，从而有可能放松对企业排污的管制，形成污染治理的“政企合谋”。[②] 行政资源不足降低了治理动力，成为进一步政策执行的约束性制度背景，并造成基层政府对政策目标的优先排序和选择性执行。[③] 然而，持续的资源供给并不都对环境治理有好处，中央转移支付甚至导致地方政府的依赖而加剧环境污染，因为难以避免地方的“搭便车”行为。[④] 但总体而言，权力和资源供给被认为是地方政府政策能力的最重要因素。

基于以上分析，本书提出以下研究假设。

H4a：中央政府的治污意愿对大气污染防治政策的执行产生重要影响。

H4b：地方政府的治污意愿对大气污染防治政策的执行产生重要影响。

H4c：地方政府的资源供给对大气污染防治政策的执行产生重要影响。

（二）规制对象

大气污染防治政策的规制对象是造成污染的工业企业、工厂工地以及一些其他社会公众。规制对象行为研究是国际环境政策研究的重点领域，而在国内环境政策研究中常常被忽略，这可能与中国威权体制下，规制对象的活动空间相对有限且比较隐秘有关。本书

---

① 贺璇、王冰：《京津冀大气污染治理模式演进：构建一种可持续合作机制》，《东北大学学报》2016 年第 1 期。

② 梁平汉、高楠：《人事变更、法制环境和地方环境污染》，《管理世界》2014 年第 6 期。

③ 印子：《治理消解行政：对国家政策执行偏差的一种解释——基于豫南 G 镇低保政策的实践分析》，《南京农业大学学报》2014 年第 3 期。

④ 郭志仪、郑周胜：《财政分权、晋升激励与环境污染：基于 1997—2010 年省级面板数据分析》，《西南民族大学学报》2013 年第 3 期。

认为规制对象作为一个能动主体，其环保态度及自利倾向会对政策执行效果产生不可忽视的影响，这种设想也得到学界一些研究的验证。政府和规制企业常处于“零和关系”或者“合谋关系”状态中，当环境治理的压力增大，地方政府不得不选择关闭污染企业、收取税费、罚款等强制治污措施；而当环境治理的压力较小，企业的寻租和地方政府监管动力能力有限则会导致对环境污染的包庇，纵容、捏造、瞒报环境监测数据。[①] 企业所面临的环境管制具有不确定性，加重企业的机会主义倾向，再加上政府监管的信息不对称和GDP最大化的发展主义导向，增加了地方保护主义的政企合谋动机。

也有学者从政策工具的角度探讨不同的政策工具给企业环境规制带来的影响。针对规制者的环境政策工具经历了控制命令型政策工具、经济型政策工具、自愿性环境协议三个阶段。管制性和非管制性环境压力都能推动企业参与自愿性环境协议，但管制性压力是影响企业决策的关键因素，管制性压力的持续存在是企业节能减污的必要条件。但是其他社区公民、消费者和大量污染严重的落后中小企业没有进入环境管制监控范围之内。[②] 许士春比较了污染税、减排补贴、污染排放标准、污染许可在污染谎报、技术激励、总量控制和政策成本方面的应用效率排序。[③] 对中小企业而言，排污许可、税费、补贴和排放标准的激励约束作用大小取决于单位价格及对企业生产能力的制约程度。[④] 自愿性环境协议及其公众压力、政

---

① 朱德米:《地方政府与企业环境治理合作关系的形成——以太湖流域水污染防治为例》,《上海行政学院学报》2010年第1期。

② 王惠娜:《自愿性环境政策工具在中国情境下能否有效?》,《中国人口·资源与环境》2010年第9期。

③ 许士春、何正霞、龙如银:《环境政策工具比较:基于企业减排的视角》,《系统工程理论与实践》2012年第11期。

④ 周华、郑雪姣、崔秋勇:《基于中小企业技术创新激励的环境工具设计》,《科研管理》2012年第5期。

治成本、社会声誉则能够显著地促进上市企业选择披露环境信息的概率和水平。[①] Gray 通过对美国钢铁企业减少空气污染的调查发现，企业政策执行会提高合规成本，而合规成本的提高又将降低政策执行。[②] 但企业绿色标准协议的建立能够通过提升企业外部声誉而推动企业采取环保措施。[③] 除了行业协议，还有单边协议、公共自愿计划和谈判协议等多种协议形式[④]。外资的进入也会带来技术外溢，有利于污染标准的提升。尽管如此，2015 年爆出的“大众汽车尾气排放门”事件也表明，制造企业作为被规制对象，在发挥其主动性的同时，也不能放任政府监管和管制。因此，通过以上分析可以发现，在环境规制性政策中，规制对象对政策的认同程度、其环保意愿、价值追求的差异性以及规制者和被规制者之间的钱权合谋成为政策执行的关键。[⑤]

除了污染企业外，社会公众的生活方式也会带来大量污染，因而成为大气污染防治政策的规制对象。具体而言，中国现行的大气污染防治政策中常通过对汽车尾气排放标准、出行方式、露天焚烧等行为进行限制的规定对社会公众进行约束。社会公众缺乏对政策讨价还价的能力，政策受众的广泛性分散了政策阻力，因而，社会公众对政策服从度较高，甚至很多主动环保的行为和生活方式都是来源于个体的环境价值认知而衍生出的环保意愿。

---

① 王霞、徐晓东、王宸：《公共压力、社会声誉、内部治理与企业环境信息披露——来自中国制造业上市公司的证据》，《南开管理评论》2013 年第 2 期。

② Gray, W. B. & Deily, M. E. (1996). Compliance and Enforcement: Air Pollution Regulation in the US Steel Industry. *Journal of Environmental Economics and Management*, 1: 96 - 111.

③ Potoski, M. & Prakash, A. (2005). Green Clubs and Voluntary Governance: ISO 14001 and Firms' Regulatory Compliance. *American Journal of Political Science*, 49 (2): 235 - 248.

④ 胡熠：《环境保护中政府与企业伙伴治理机制》，《行政论坛》2008 年第 4 期。

⑤ 魏姝：《政策类型与政策执行：基于多案例比较的实证研究》，《南京社会科学》2012 年第 5 期。

表4—4显示了污染企业和造成污染的民众行为逻辑差异，污染企业分布比较集中，且政策议价能力较强，每个企业自身的政策议价能力与企业的性质、规模及与地方政府的依存关系密切相关。企业始终坚持经济利益最大化的经济理性行为逻辑，具有很强的逃避处罚、降低合规成本的动力，然而，如果企业污染影响了企业形象和声誉，进而影响企业长期利益，也会改变企业的收益分析。同时，地方政府为了促进当地GDP发展而纵容污染企业也可能带来政治风险，因此，如果地方政府加强管制，促进污染企业的信息公开，则有可能将污染企业的短期经济理性行为逻辑转换为长期经济理性。[①] 因此，污染企业的环保意愿、经济压力与投机空间决定了其行为选择，本书将污染企业的环保意愿、环保能力和地方政府的依存关系设为替代性假设。

表4—4　　污染企业和污染民众的行为逻辑差异

维度	污染企业	污染民众
分布	集中	广泛
政策议价能力	较高	较低
行为影响因素	规模、性质、关系	价值认知、环境认知、生活方式
行为逻辑	经济理性（长期VS短期）	价值理性VS经济理性

对于社会民众而言，许多现代化的出行和生活方式都有可能给大气环境造成破坏，如交通出行、垃圾焚烧、燃煤取暖乃至烹饪油烟等都给有限的大气环境容纳带来压力，因此对社会公众的行为管制也是大气污染防治政策的重要部分。相比于污染企业，造成污染的社会民众（下文简称污染民众）分布更加广泛，但也正是因为分

① 张学刚、钟茂初：《政府环境监管与企业污染的博弈分析及对策研究》，《中国人口·资源与环境》2011年第2期。

散性，其政策议价能力有限，民众的行为选择与自身的价值认知、环境认知和生活方式等个体化因素息息相关，其行为逻辑遵从经济理性和价值理性。对于一般性政策问题，部分民众会通过收益分析选择最有利于自己的行为，但这只是短期经济理性，如果问题涉及长远利益，并上升为价值问题，除了部分民众自发遵从价值理性外，精英决策能够在一定程度上促使民众对价值理性的行为选择。①

基于以上分析，本书提出以下研究假设。

H4d：污染企业与地方政府的依存关系对大气污染防治政策的执行产生重要影响。

H4e：污染企业的环保意愿对大气污染防治政策的执行产生重要影响。

H4f：污染企业的环保能力对大气污染防治政策的执行产生重要影响。

H4g：社会公众的环保意愿对大气污染防治政策的执行产生重要影响。

（三）社会公众

随着行政民主化和公民社会参与意识日盛，社会公众在政策过程中的作用也日益凸显。然而，公众如何发挥作用却常常成为政策执行研究中“丢失的章节”或者仅起一般补充作用。政治话语民主的转向给公众参与带来新的理论支持，基于大数据和网络治理的发展带来了全新的“技术赋权”“技术治理”的可能性与路径。② 对大气污染防治政策执行的研究不能忽视社会公众已经或者即将可能给政策过程、社会治理带来的重大转变。

---

① 魏淑艳：《中国的精英决策模式及发展趋势》，《公共管理学报》2006 年第 3 期。

② 郑永年：《互联网的发展如何影响中国的政治》（http://www.21ccom.net/articles/world/qqgc/20151214131418.html）。

第一，网民和社会组织。

公众参与环境政策过程的传统表现形式集中在公民监督上，包括群众信访、信件电话检举等方式。随着公民意识、互联网络以及环保组织等力量的兴起，公众在环境政策执行中的作用已经远远不再局限于一个封闭的行政系统内部，在互联网时代，公众参与环境政策过程的形式多种多样，参与的程度也越来越高，对环境治理的认同度也越来越高。蓝庆新、陈超凡（2015）采用Super-SBM模型对中国各省份大气污染治理效率进行测算，研究表明公众认同对大气污染治理效率有正向影响，且公众认同在一定程度上可以弥补制度软化引致的效率下降。[①] 通过梳理和归纳，发现公众可以从以下几个方面参与到环境政策执行过程：第一，公共对话。公众可以以公共论坛、网络问政以及座谈会等各种形式展开政策议题讨论，推动政策形成，监督政策实施。第二，直接参与。在环境政策执行中，公众作为政策规制对象，直接参与政策过程。第三，专业参与。环保组织、市场资本、科研人员以专业力量参与政策过程，通过政府、市场、社会和公民的共同行动提升环境治理效果。[②] 尽管中国环境治理领域出现了咨询型公众参与的雏形，但由于公众权力表达有限，实际上公众参与并未发挥效力。[③④]

第二，媒体。

大众传媒被认为是“第四大力量”，一方面，具有宣传、告知等政策解读功能；另一方面，通过价值导向、科学普及产生潜移默化的教育作用。近年来，各种自媒体不断兴起，影响力已经从政策

① 蓝庆新、陈超凡：《制度软化、公众认同对大气污染治理效率的影响》，《中国人口·资源与环境》2015年第9期。

② 李文钊：《环境管理体制演进轨迹及其新型设计》，《改革》2015年第4期。

③ 侯璐璐、刘云刚：《公共设施选址的邻避效应及其公众参与模式研究——以广州市番禺区垃圾焚烧厂选址事件为例》，《城市规划学刊》2014年第5期。

④ Zhou, M., Liu, Y. & Wang, L. et al. (2014). Particulate Air Pollution and Mortality in a Cohort of Chinese Men. *Environmental Pollution*, 186: 1-6.

解读扩展为包括政策执行在内的整个政策过程。在大气污染治理领域，新闻媒体可以发现政策盲区、推动政策议题的形成、政策文本宣传、实时跟踪监督政策执行，参与并影响政策推动全过程。张琦、吕敏康（2015）通过媒体问责的案例研究发现，媒体质询显著提升了政府回应的可能性；且媒体质询密集度越高，政府回应速度越快；质询传播范围越广，回应质量越高。[①] 实际上，随着自媒体时代的到来，媒体参与政策执行有两方面的作用。一方面，在政府包容的情形下，以正面监督为导向的媒体报道，可以强化外部监督力量的作用，不会对政策执行过程直接进行干扰，有利于提高政策执行的有效性。另一方面，无序的、混乱的媒体参与会降低政策执行的有效性，因为这种情形无法给政策执行主体提供合理的方案，强大的压力反而迫使政府部门越来越封闭和保守。陈阳（2010）以番禺事件为例，指出在政府拥有强大的权力资源、公民的成熟和理性超乎意料、媒体的局限性依然明显的背景下，大众媒体尚不能充分发挥社会动员和建构集体认同的社会功能。[②] 因此，随着媒体的政策影响力不断提升，需要媒体发挥自律作用，更好地发挥监督作用，而非对某些政策议题无限地放大，故意博得眼球效应。[③]

尽管网民、社会组织和媒体对政策过程的影响力逐渐增大，参与意识也大幅提升，但并非所有的社会公众都抱有积极态度。按照其参与态度和政策贡献的区别，将社会公众简单分为消极群体和积极群体。消极群体只关注个人利益，政策参与热情较低，这部分人对公共议题缺乏关注的能力、意识或者态度，导致行为的盲从、短

---

① 张琦、吕敏康：《政府预算公开中媒体问责有效吗？》，《管理世界》2015 年第 6 期。

② 陈阳：《大众媒体、集体行动和当代中国的环境议题——以番禺垃圾焚烧发电厂事件为例》，《国际新闻界》2010 年第 7 期。

③ 邝艳华、叶林、张俊：《政策议程与媒体议程关系研究——基于 1982 至 2006 年农业政策和媒体报道的实证分析》，《公共管理学报》2015 年第 4 期。

视或者自利性，其行为逻辑是单纯的个体经济理性。而积极群体不同，在追求个人利益的同时也关注公共利益，具有较高的政策参与热情，通常通过主动关注、积极维权、主动参与等行为兼顾了个体经济理性和社会责任的实现。社会公众行为态度的二分法能够彰显出社会意识差异，这也表明了社会参与有巨大发展空间（见表4—5）。

表4—5　　社会公众的行为逻辑差异

维度	消极群体	积极群体
利益追求	个人利益	个人利益 & 公共利益
参与热情	低	高
行为特征	自利、盲从、短视	关注、参与、维权
行为逻辑	个体经济理性	个体经济理性 VS 社会责任

基于以上分析，本书提出以下研究假设.

H4h：网民参与对大气污染防治政策的执行产生重要影响。

H4i：社会组织参与对大气污染防治政策的执行产生重要影响。

H4j：相关媒体报道对大气污染防治政策的执行产生重要影响。

五　模型内部关系

根据第二章提出的情境和行动者分析框架，以诸多理论模型为基础，经过升华和整合，本书提出了影响大气污染防治政策执行的EGSA 概念模型，模型的核心内部关系是以行动者为中心，讨论影响行动者行为的外部情境因素。根据制度与行动者理论，制度系统会对行动者的行为策略产生影响，进而影响到大气污染防治政策执行过程和结果。同理，政策的环境支持度和目标锁定状况同样能够改变行动者的行动环境和行为空间，进而促使行动者在不同的情境下采取不同的行为态度和行为策略。政策环境、政策目标和制度系统的不同组合都是行动者行为策略的“情境”，行动者是大气污染防治政策执行过程中的主体，具有主观能动性，行动者会根据情境的改变，适时调整行动策略，这也必然导致大气污染防治政策执行过程和效果的改变。

因此，本书再提出模型内部关系的三个研究假设。

H5：政策的环境支持度会对行动者的行动策略产生影响，进而影响到大气污染防治政策的执行结果。

H6：政策的目标锁定状况会对行动者的行动策略产生影响，进而影响到大气污染防治政策的执行结果。

H7：制度系统会对行动者的行动策略产生影响，进而影响到大气污染防治政策的执行结果。

第四节 研究假设与方法

一 研究假设

在第二章提出情境与行动者分析框架的基础上，通过第三章的案例探索性分析的归纳和第四章的梳理，总结了大气污染防治政策执行的多个阶段和影响因素，并将其归为环境支持度（Environment）、目标锁定（Goals）、制度系统（System）和行动者行为（Actors）四类，构建了EGSA概念模型。但模型的可靠性需要基于样本统计分析的实证检验，这需要限定研究前提与假设，厘清概念与边界。

基于本书的理论分析，本书的研究前提假设是：大气污染防治政策执行结果受到行政系统（包括官员）、规制者和社会公众三方力量的共同影响。各行动者是理性的，一方面会根据个体的观念、认知、价值追求选择行动；另一方面会依据政策环境、政策要求、制度条件进行政策意义解读，根据政策解读的“情境”采取行动。政府和官员既是政策制定者，又是政策执行者，具有双重身份和双重行为逻辑；规制对象包括污染企业、利益相关企业以及社会公众等其他利益相关者；社会公众包括了所有公民（包括科研工作者）、环境组织及新闻媒体从业者等，行动者都具有多重角色，他们既是大气污染的受害者，又在生活和工作中通过各种形式对大气造成污染。

结合既有研究和上述分析，形成了影响大气污染防治政策执行的假设汇总（见表4—6）。

表4—6　大气污染防治政策执行影响因素研究假设汇总

一级研究假设	二级研究假设
H1：大气污染防治政策的环境支持度会对政策执行效果产生显著影响	H1a：大气环境治理的政治需要程度对大气污染防治政策的执行产生重要影响 H1b：地区经济发展水平和结构对该地区大气污染防治政策的执行产生重要影响 H1c：大气污染的社会认知和关注对大气污染防治政策的执行产生重要影响
H2：大气污染防治政策的目标锁定情况会对政策执行效果产生显著影响	H2a：政策目标的清晰度对大气污染防治政策的执行产生重要影响 H2b：政策目标的冲突性对大气污染防治政策的执行产生重要影响 H2c：政策工具的选择对大气污染防治政策的执行产生重要影响
H3：大气污染防治政策执行过程的制度激励和控制体系会对执行效果产生显著影响	H3a：政府威权程度对大气污染防治政策的执行产生重要影响 H3b：央地权责划分对大气污染防治政策的执行产生重要影响 H3c：中央对地方的激励和控制机制对大气污染防治政策的执行产生重要影响 H3d：合作机制对大气污染防治政策的执行产生重要影响

续表

一级研究假设	二级研究假设
H4：大气污染防治政策执行过程中各行动者行为策略会对执行效果产生显著影响	H4a：中央政府的治污意愿对大气污染防治政策的执行产生重要影响 H4b：地方政府的治污意愿对大气污染防治政策的执行产生重要影响 H4c：地方政府的资源供给对大气污染防治政策的执行产生重要影响 H4d：污染企业与地方政府的依存关系对大气污染防治政策的执行产生重要影响 H4e：污染企业的环保意愿对大气污染防治政策的执行产生重要影响 H4f：污染企业的环保能力对大气污染防治政策的执行产生重要影响 H4g：社会公众的环保意愿对大气污染防治政策的执行产生重要影响 H4h：网民参与对大气污染防治政策的执行产生重要影响 H4i：社会组织参与对大气污染防治政策的执行产生重要影响 H4j：相关媒体报道对大气污染防治政策的执行产生重要影响
H5：政策的环境支持度会对行动者的行动策略产生影响，进而影响到大气污染防治政策的执行结果	
H6：政策的目标锁定状况会对行动者的行动策略产生影响，进而影响到大气污染防治政策的执行结果	
H7：制度系统会对行动者的行动策略产生影响，进而影响到大气污染防治政策的执行结果	

二 研究设计与方法

（一）研究设计思路

本书根据情境与行动者的分析框架，结合多案例探索性研究和理论借鉴，提出了影响大气污染防治政策执行的 EGSA 概念模型，除了考察制度对行动者行为的影响，还将检验政策环境、政策目标和制度系统的变化对行动者行为选择的影响。这将能够解释为什么有的大气污染防治政策能够得到有效执行而有的则不能，这也是本书研究的目的所在。

基于此，在模型提炼的基础上，本书将进一步通过问卷调查法收集相关数据，并有针对性开展部分访谈，对模型内容和关系进行检验。根据研究目标，将研究内容和步骤设计为：

第一，验证 EGSA 概念模型的存在性；

第二，检验 EGSA 模型中变量间的关系；

第三，修正 EGSA 概念模型，提高模型的适用性；

第四，应用 EGSA 概念模型分析典型案例，进一步深化模型理解。

（二）研究方法介绍

第一，问卷调查。基于以上理论分析和研究假设，EGSA 概念模型及内部关系需要基于事实数据的有效性验证，但因为本书假设中具有大量质性因子，难以用统计数据精确量化，因此，问卷调查是可行的数据获取和验证方法。问卷调查将在充分阅读和借鉴国内外相关研究和成功的调查问卷的基础上形成，问卷构成将按照研究假设分门别类，提出有针对性问题。同时，考虑到被调查者尤其是官员和企业领导者有可能对真实意图的掩盖，问卷调查将以网络为平台，匿名发放，并注重检验问卷的信度和效度。

第二，深度访谈。为了提升问卷调查的可靠性，纠正可能存在的理解误差，弥补研究设计的遗漏，本书设计在问卷调查之余开展部分访谈。深度访谈将根据个人人际关系的拓展展开，选择了武汉市、郑州市、南阳市，对环保部门、企业工厂、社会公众以及环保组织进行访谈。一方面，通过深度访谈法将问卷调查中抽象的研究假设具体化，保证问卷调查的科学性和准确性；另一方面，初步检验和补充 EGSA 概念模型。为了提高访谈的针对性，会借助典型案例事件和案例开展，将模型因子检验融入案例访谈之中，既可以做到使理论分析更加形象化，又可以进一步扩展原有的理论边界。

第三，结构方程模型。在理论分析和访谈的基础上，可以对 EGSA 概念模型和研究假设进行初步验证，但是模型的内部结构和影响路径则需要对问卷调查数据进行深入分析而获得。因此，在第五章将重点介绍数据处理过程和处理结果，对 EGSA 概念模型及其内部关系进行检验，在此基础上，形成本书的主要研究结论。并在第六章对研究结论进行应用，借助典型案例，对模型内部关系形成更加深入和系统的理解。

第五节　本章小结

本章在第二章提出情境与行动者分析框架和第三章政策阶段和因子梳理的基础上，提出了分析大气污染防治政策执行的概念性理论模型 EGSA，即大气污染防治政策的环境支持度、目标锁定、制度系统以及行动者行为都会对政策执行过程和结果产生影响。EGSA 概念模型综合了多种理论和分析视角，在对 EGSA 理论阐述的基础上，提出了本书的研究假设、研究设计和主要方法，这是进一步收集数据和处理数据的前提，也是本书最重要的理论分析章节。

第五章

影响因子的实证检验

要探寻影响中国大气污染防治政策执行的因素，除了构建理论分析模型，还要对模型进行实证检验。实证检验获取数据的方法有观察法、实验法、问卷法、统计法等。基于研究设计和研究对象的特征，本书拟采用调查问卷和访谈法获取研究数据，并通过量化数据处理方法对研究假设进行检验，获得主要结论。因此本章将按照变量度量与指标选择、问卷设计、数据收集、样本描述及变量检测、结构方程模型检验的逻辑顺序展开。

第一节　变量度量与指标选择

基于第四章的EGSA概念模型构建解释及研究设计与假设，本书将影响政策执行的分析延伸到政策环境、政策制定、政策文本阶段，考察环境支持度因素、目标锁定及制度系统调整给行动者的行为选择带来的影响。因此，在实证研究阶段，本书将大气污染防治政策的执行作为因变量，将行动者的态度和行为选择作为自变量，而将政策环境性因素、目标锁定情况及制度系统作为调节变量，除了验证自变量对因变量的影响过程，也将重点关注调节变量发生变化后，如何通过自变量起作用，最终对因变量政策执行结果造成影响。即：

（1）行动者自身因素对政策执行的影响；

（2）政策环境、政策目标及制度系统分别对行动者和政策执行的影响；

（3）当政策环境、政策目标、制度系统发生变化后，行动者的行为变化情况及不同情境下对政策执行的影响。

因此，中国大气污染防治政策有效执行影响因素实证研究的因子体系设计如图 5—1 所示。

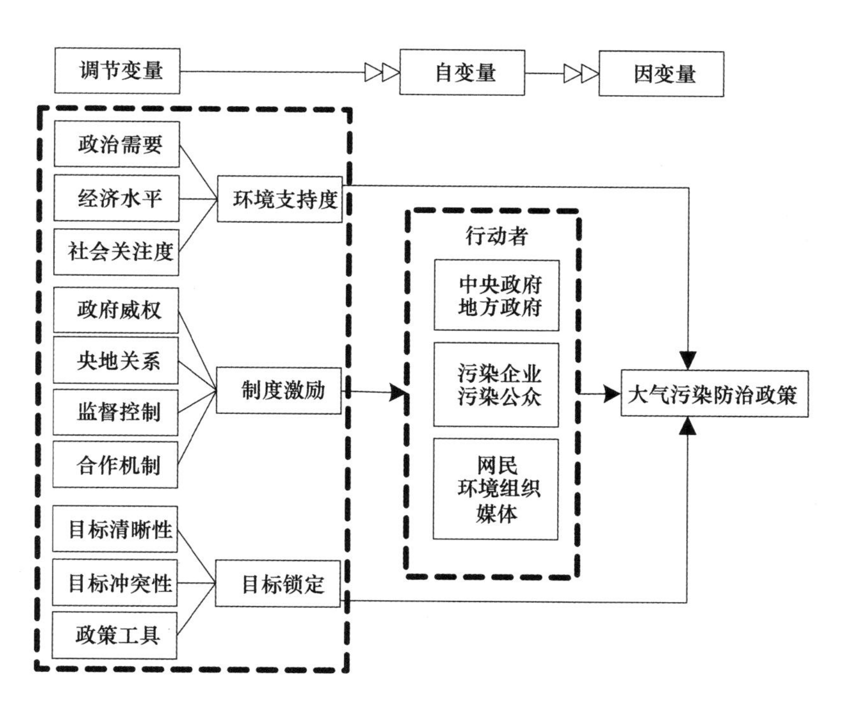

图 5—1　因子变量关系

一　自变量定义与测量

（一）行政系统

行政系统是个比较宏大的概念，包括很多的层级和部门，本书在假设中已经提出主要关注中央政府和地方政府两个层级及职能部门。一般而言，纵向的政府层级之间行为特征差异较大，具有不同的运作目标和价值追求，由中央与地方的不同权力关系构成的集分权模式也是当下中国环境执行研究的主流框架。本书认为影响中央政府治理大气污染的主要是其政治需求决定的治理意愿，影响地方政府执行大气污染防治政策的因素较多，可以分为动力和能力两部分。因此，主要通过三个问题对行政系统的政策执行力进行测度：①中央政府治理大气污染的意愿；②地方政府治理大气污染的意愿；③地方政府治理大气污染的能力（见表5—1）。

表5—1　　行政系统影响大气污染防治政策执行的问卷测项

编码	测项	主要参考文献
1	中央政府治理大气污染的意愿很强	Sheehan P. （2014）；冉冉（2015）；探索性案例研究
2	地方政府治理大气污染的意愿很强	
3	地方政府治理大气污染的能力很强	

资料来源：根据探索性案例分析和文献梳理所得。

（二）规制对象

政策的有效执行关键在于政策对象的接纳度，尽管在中国的行政威权体制下，政府意愿和制度设计能够一定程度上代替政策规制对象，但在大气污染政策执行过程中，因为政策具有高度对抗性，规制对象又大多属于国家企业或者有实力的私有企业，对地方经济发展和社会稳定具有重要作用，因而对于地方政策乃至国家政策具有不容忽视的影响力。在国外，政策游说是企业活动的重要内容，在中国，有些污染企业或者利益相关企业甚至与政府的监管机构部分人员交叉，这就必然影响到大气污染防治政策的制定和有效执行。因此，污染企业与政府的依存关系会直接影响到大气污染防治政策的执行。此外，污染企业的环保意愿和环保能力、社会公众的环保意愿也是影响大气污染防治政策执行程度的重要变量（见表5—2）。

表5—2　　规制对象影响大气污染防治政策执行的问卷测项

编码	测项	主要参考文献
4	污染企业和地方政府的依存关系会影响对大气污染防治政策的配合执行程度	朱德米（2010）
5	污染企业的环保意愿会影响对大气污染防治政策的配合执行程度	王霞（2013）；王惠娜（2010）
6	污染企业的环保能力会影响对大气污染防治政策的配合执行程度	Gray（1996）
7	社会公众的环保意愿会影响对大气污染防治政策的配合执行程度	郑思齐（2013）

资料来源：根据探索性案例分析和文献梳理所得。

（三）社会公众

广义的公众参与主要分为普通市民、网民的参与，媒体报道，环保组织及其他社会力量的组织形式。在网络时代，网民成为社会参与的主要形式，能够对大气污染防治政策的执行和大气污染治理产生重要的影响。媒体报道包括传统媒体和新媒体两种形式，在提高环境意识、政策宣传与动员等方面具有不可替代的作用。此外，环保组织作为社会力量在环保领域的集结，在推动信息公开、弥补政策漏洞、提供公益关怀方面具有特殊的作用。因此，本书将用网民参与代替狭义的公民参与，与媒体报道、环保组织并列作为衡量广义社会公众对大气污染防治政策有效执行影响关系的测项（见表5—3）。

表5—3　　社会公众影响大气污染防治政策执行的问卷测项

编码	测项	主要参考文献
8	网民参与能够影响大气污染防治政策的有效执行	王喆（2014）；冯贵霞（2014）；于溯阳（2014）；胡苑（2010）
9	环保组织能够影响大气污染防治政策的有效执行	
10	媒体报道能够影响大气污染防治政策的有效执行	

资料来源：根据探索性案例分析和文献梳理所得。

二 调节变量

调节变量又称为干扰变量，能够直接作用于因变量，又能够通过影响自变量而作用于因变量。调节变量不同于中介变量，中介变量作用于自变量对因变量的影响程度，是内生变量；而调节变量能够同时影响自变量和因变量，是外生变量。在 EGSA 概念模型中，政策执行受多种因素影响，而最终要通过行动者加以施行，因此，本书将环境支持度、目标锁定和制度系统设为调节变量，即为影响行动者行为的“情境”。

（一）环境支持度

根据 EGSA 模型，环境支持度是政策执行的前提和土壤。根据文献梳理，将大气污染防治政策的环境支持度分割为三个方面，作为影响政策有效执行的中介变量的测项。分别是：①大气治理的政治需要；②经济发展水平和产业结构；③国内外社会关注度（见表 5—4）。

表 5—4　　环境支持度影响大气污染防治政策执行的问卷测项

编码	测项	主要参考文献
11	大气治理的政治需要和发展战略会影响大气污染防治政策的执行	Li Y.（2013）；Wang S.（2012）；Chen Y.（2013）；探索性案例研究
12	经济发展水平和产业结构会影响大气污染防治政策的执行	
13	国内外社会关注度会影响大气污染防治政策的执行	

资料来源：根据探索性案例分析和文献梳理所得。

（二）目标锁定

大气污染防治政策的目标锁定直接影响到政策执行过程。根据洛伊的政策分析框架，政策目标的清晰度和冲突性被认为会对政策的执行产生重要影响。而政策文本中的政策工具选择也能够对政策效果产生重大影响。因此，将大气污染防治政策的目标锁定状况分为三个方面：①政策目标的清晰度；②政策目标的冲突性；③政策工具的有效性（见表5—5）。

表5—5 目标锁定影响大气污染防治政策执行的问卷测项

编码	测项	主要参考文献
14	政策目标的清晰度对大气污染防治政策的执行产生重要影响	吕阳（2013）；王惠娜（2010）；探索性案例研究
15	政策目标的冲突性对大气污染防治政策的执行产生重要影响	
16	政策工具的有效性对大气污染防治政策的执行产生重要影响	

资料来源：根据探索性案例分析和文献梳理所得。

（三）制度系统

制度系统是影响政策执行的重要内容，学者们分别研究了制度系统的不同构成。本书将制度系统分解为四个部分作为制度系统对大气污染防治政策有效执行影响关系的测项，分别是：①政府威权程度；②央地权责划分；③控制机制；④合作机制（见表5—6）。

表5—6 制度系统对大气污染防治政策有效执行的影响关系测量

编码	测项	主要参考文献
17	政府威权程度对大气污染防治政策的执行产生重要影响	Zheng S.（2013）
18	央地权责划分对大气污染防治政策的执行产生重要影响	崔晶（2014）；蔡阑（2014）
19	控制机制对大气污染防治政策的执行产生重要影响	Chen Y.（2013）
20	合作机制对大气污染防治政策的执行产生重要影响	汪伟权（2014）；谢宝剑（2014）

资料来源：根据探索性案例分析和文献梳理所得。

三 因变量定义与测量

本书的因变量（dependent variable）为大气污染防治政策的执行结果，因变量又被称为解释变量，是指大气污染防治政策得到有效执行的程度。但学界对政策有效执行的程度有不同的理解，一种观点认为政策执行的考察应着重于政策结果或政策效果（policy outcome）；另一种观点认为影响政策效果的因素可能并不在政策执行环节，因而，对于政策执行研究而言，应该关注政策输出（policy output）。本书认为研究大气污染防治政策执行的目的在于提升政策执行度，最终改善大气质量，实践中很多大气问题的根源恰恰在于没有制定科学、合理、可操作的大气污染防治政策，因而，政策自身因素和政策制定环节如政策目标、政策的环境支持度都被纳入本书的分析框架。此外，在很多情境下，清晰的政策制定也有可能在实践环节中产生偏差，造成政策的落空，在这种情况下，政策输出与政策效果合而二为一，难以区分。

综上，本书既关注如何通过政策过程来改善大气环境，也关注大气污染防治政策内容的实际完成度，因此将因变量设为两个测项：①大气污染治理的政策效果（policy outcome）即通过政策执行过程有效改善大气质量的程度；②大气污染防治政策的政策输出即政策执行对政策内容的完成度，并通过调查问卷对其进行判断（见表5—7）。

表5—7 大气污染防治政策有效执行度问卷测项

编码	测项	参考文献
21	中国大气污染防治政策得到了很好的执行	冯桂霞（2014）；郝亮（2016）
22	大气污染防治政策的有效执行能够改善大气质量	

资料来源：根据文献梳理所得。

第二节　问卷设计

一　调查问卷设计的基本过程

本书在调查问卷设计过程中阅读了大量国内外文献，借鉴了国外一些成功的调查问卷，为了设计出有针对性的问题，还进行了实地访谈收集相关资料，以便于更好地检验、修正 EGSA 模型。根据本书的具体研究目标和内容设计了问卷，基本过程如下。

第一，本书在第三章探索性案例研究所得出的一系列结论的基础上，进行了第一次变量设计，将 EGSA 模型具体化为详细的变量体系，由此确定调查问卷所要测量和检验的主要变量，即对调查问卷中要测量的问题进行概念化、类属化处理。

第二，调查问卷中所设计的问题一定要有理论作为指导，做到回答、响应和扩展某个理论边界，而不能随意拍脑袋和简单地堆问题。因此，本书在理论阐述过程中，阅读了国内外与本研究相关的文献，对政策执行过程、影响因素、绩效评价以及作用机理等问题进行了深入了解，洞察学界是通过哪些问题来测量政策执行影响因素的，这些研究中有哪些优点需要借鉴，有哪些教训需要规避，有哪些问卷设计存在不足需要进一步弥补。

第三，为了保证调查问卷中所列问题“接地气”，能够为接受调查者理解，笔者还开展了部分访谈，针对大气污染防治政策执行这个主题，访谈了一些政府官员、企业工厂、居民以及环保组织，实地调查和访谈时间约为 30 天。访谈内容主要包括以下几个方面：①大气污染防治的工作机制、大气污染防治政策、政策执行监督考核机制以及责任追究机制，了解地方政府在执行大气污染防治政策中所采用的方法、成效以及存在的问题。②通过对企业、工厂、居民的访谈，了解这些主体参与大气污染防治政策执行的基本情况，掌握政策执行中利益主体的行为动机及其内在逻辑。

第四，邀请相关专家再次讨论，请他们对调查问卷提出建议。一方面，通过咨询环境治理、政策执行领域的专家，主要为武汉地区相关院校的副教授及以上的专家学者；另一方面，通过咨询本领域以外的专家学者，专业背景包括经济学、环境工程、清洁能源开发等领域。通过对这两类专家学者的建议进行研究，再次对问卷调查的形式、内容安排、提问方式进行修改，保持题目拟定的科学性和价值中立性，由此完成了第三次调整与修改。

第五，预调查。2015 年 9—10 月，研究组成员先后到武汉、郑州、南阳等地进行预调查，在政府部门、企业、工厂、社区等领域随机发放问卷 50 份，通过预调查再次查找了问卷设计、内容安排、题目拟定方面存在的问题，并对这些问题进行了修正，形成最终的调查问卷。

二　问卷调查的可靠性

问卷调查的可靠性是收集到准确数据的重要前提。本书为了保证数据问卷调查的可靠性，整个调查问卷设计历经了理论设计与预调查，将调查问卷在检验过程中暴露出的问题进行了修正，将有可能出现的纰漏降到了最低。此外，还重点做了以下几方面的准备：第一，依照研究的目标和整体内容框架，从宏观和微观两个层面把握问卷设计的内在逻辑体系，沿着“政策执行主体—政策执行环境—政策执行目标—政策执行制度—政策执行评价”逻辑关系来设置题目，既有利于调查问卷结构逻辑严密清晰，又有利于问卷回答人员连续填写问卷。第二，按照客观、简明、准确以及通俗易懂原则，在充分反映研究目标和内容的基础上，最大限度地方便问卷回答者对问题的理解。第三，题目设置以封闭式问答为主，保证了调查问卷的严谨性，回答方式根据不同的研究目的而定，保证了调查问卷内容的针对性。因此，本书采用里克特7级量表，以提高调查数据的精准性。

第三节　数据收集

一　样本选择

样本的选择有一定的条件，这是由政策执行这个主题的内在属性决定的。一方面，大气污染防治政策的执行是在中国治理结构下的行政系统中进行的，外界公众较多地感知到政策执行的结果而非过程，行政系统内部的官员更加了解政策执行过程；另一方面，大气污染防治政策的执行具有广泛的对象，社会公众作为污染制造者和污染受害者对政策的执行具有较为灵敏的感知。因此，本书更加倾向于采用非随机抽样原则。样本的选择遵循如下要求：首先，被调查者和受访者要对政府推行的大气污染防治政策的执行有一定认知或经验；其次，被调查者和受访者参与过大气污染防治政策执行的过程，对大气污染治理有一定的了解。因此本书在进行问卷发放和数据收集时也考虑了被调查者的职业及其他社会属性情况。

为了样本具有代表性，本书除了选择环保、林业、交通、公安等大气污染防治政策执法部门的官员外，还将污染企业管理人员、环保组织与志愿者及普通社会公众纳入调查对象范畴。从调查对象来看，本书扩展了研究范围，将规制对象和社会公众都纳入调查，做到了真正意义上对利益相关的行动者进行了完整的了解。

二　样本容量确定

一般而言，问卷调查的容量越大越好，这也符合统计学的一般原则。但是考虑到本书研究问题的广泛性，不可能穷尽数据，普遍分布也很难做到。因此，本书只能采取非概率抽样为主，辅以部分随机概率抽样。基于本书选择的探索性案例多在京津冀地区，该地区也是中国政策试验的先行者，因此，选择北京、天津、河北作为主要调查样本分布地，考虑到中国国情的差异性较大，又选择了东部地区代表广东省、中部地区代表河南省、西部地区代表贵州省，对这些省市的环保厅、局、所及其相关执法机构，部分工业企业，民众和社会组织展开问卷调查，并在具有相对便利条件的湖北省开展部分访谈，检验和佐证调查结果。

关于样本的容量，学界有不同的观点。King 认为为了保证参数估计结构的可靠性，样本容量不应该少于 100。Mueller 认为样本数应当与观测数成正比，样本数应达到观测数的 10—15 倍。Gorsuch 提出样本数应达到测量项的 5 倍以上，最好达到 10 倍。但是样本容量也并非越多越好，这是因为样本数的增加可能导致部分数据偏离，影响到数据的适用性。[①] 本问卷共设置了 2 个因变量测项、22 个自变量及中介变量测项，预计样本容量应为 120—360，使样本数达到观测数的 5—15 倍。

三 问卷发放与回收

问卷发放主要有现场发放和网络发放两种形式，网络方法主要是通过网络电子问卷或邮件等形式开展。现场问卷是传统的调查方式，能够保证问卷填写对象的相关性，从而提升问卷质量。网络问卷是基于网络信息技术和传播平台而产生的新型调查方式，如果得到良好推介，甚至可以形成关于研究对象的大数据乃至全数据，能够跨越地域限制，降低调查成本。但是问卷样本需要按照研究设计严格控制，并在问卷推广上作出努力，才能较好地保证问卷回收和问卷质量。本书拟结合现场问卷和网络问卷两种形式，同时为了扩

---

① 张斌：《公共信息对公众信任及行为的影响研究》，博士学位论文，西安交通大学，2010 年，第 63 页。

大调查范围，再加上网络资源的便捷性等因素，将网络问卷作为主要的调查方式。为了提升网络问卷的填写、转发和回收率，本书在网络问卷中加入红包设置，有效地提高了调查对象的积极性。

本书研究的主要调查对象包括三类：行政机构工作人员、企业工作人员及普通社会公众。行政机构工作人员包括环保机构工作人员和其他行政机构工作人员，企业工作人员包括污染行业及相关行业工作人员和其他行业人员，与环保政策的制定、执行密切相关的行政人员、企业人员是核心调查对象。基于便利性和数据的可获得性，本书以学校和学院为依托，通过老师、MPA 同学及毕业校友资源，联系了相关单位和工作人员，整理了其邮件、QQ 等联系方式，并展开了问卷调查；此外，基于便利的网络技术，如 QQ 群、微信群等，通过便利抽样的方式，得到一些更广范围的问卷填写支持，包括北京市某区环保局群、天津市某区环保局群、河北省某市环保局群、广州市某区环保局群、贵阳市某区环保局征收科群、河南省环保市政安全局群以及天津 12369 群、北京绿色环保志愿者群、北京环保志愿者义工之家群等，此外，还有部分从事环境政策、公共政策研究的专家学者参与了问卷调查。

由于不同的问卷发放方式对问卷回收具有重要影响，所以问卷回收率难以判断回收问卷的质量，因而本书选取更有参考价值的有效问卷率作为问卷可用性衡量指标。通过各种形式的问卷发放，至 2016 年 2 月 15 日，共回收问卷 278 份，剔除填写错误、无填写等无效问卷 11 份，有效问卷为 267 份，问卷有效率为 96%。可见，无论是回收有效问卷总量还是有效问卷率都达到了开展数据统计分析与挖掘的基本要求。所以，在回收有效调查问卷的基础上，借助 SPSS 统计软件对调查问卷进行了数据化处理，完成了数据的录入、整理等工作，最终形成了支撑本书研究的数据库。

第四节　样本描述及变量检测

一　样本描述性统计分析

（一）样本人口统计

1. 性别

在267份问卷中，男性比例为69.3%，女性比例为30.7%。男性比例远远超过了女性比例，这与中国公务员性别比例状况相符合。

2. 年龄

调查对象的年龄分布相对较为年轻，30岁以下的占44.2%，30岁到39岁的占35.6%，40岁到49岁的占15.7%，50岁以上的受访者仅占4.5%。这反映了本书的问卷网络发放形式能较多地得到年轻人的响应，也能够反映出年轻人的观念和期望。

3. 受教育程度

调查对象的学历分布中，21.3%为博士研究生，37.8%为硕士研究生，本科生占比为32.2%，本科生和硕士研究生学历是主流，本科以下的相对较少，只占8.6%，以部分企业员工和环保志愿者为主。

4. 职业

由于本书对调查对象具有事先预控性，因此，问卷填写者的职业分布相对简单。其中43.2%是公务员，17.2%是污染行业及相关行业工作人员，14.6%是研究人员或学生，11.6%是媒体工作人员，剩余的13.4%是其他行业工作人员，可能分布在关注环保的社会公众之中。

5. 地域分布

本调查在问卷发放预设中选取了北京、天津、河北、广东、贵州、河南、湖北七省市作为主要调查范围，但因为问卷主要是通过网络平台传播，并经过了大量转发，因而地域分布有所扩散。除了12.1%来自北京、10.9%来自天津、9.4%来自河北、10.9%来自广东、9.0%来自贵州、23.2%来自河南、15.2%来自湖北外，还有9.4%分别来自福建、内蒙古、海南、云南、安徽、成都、重庆等省市区。问卷地域分布的扩散，能够更大程度验证本书的假设，提升问卷的信度和可靠性。

6. 了解程度

尽管在问卷发放过程中事先控制了调查对象，选取相关领域工作人员或志愿者能够提高对调查对象和问题的把握程度，但是，除了3.7%完全不了解外，仍然有51.3%的人表示对大气污染防治政策的执行不太了解，38.2%的人选择了有些了解，只有6.7%的人选择了非常了解。在辅助问卷的部分访谈调查中发现，即使是在行政系统工作多年的公务人员，也有多数人表示，仅对自己的工作内容和本职能部门了解，对整个政府系统和其他部门则不了解。也有调查人员反映，尽管对工作内容十分熟悉，但是对政策执行过程和理论分析则比较陌生（见表5—8）。

表5—8　　问卷调查样本人口统计

问题	选项	频次（次）	百分比（%）
性别	男	185	69.3
	女	82	30.7
年龄	30岁以下	118	44.2
	30—39岁	95	35.6
	40—49岁	42	15.7
	50岁以上	12	4.5
受教育程度	博士	57	21.3
	硕士	101	37.8
	本科	86	32.2
	本科以下	23	8.6

续表

问题	选项	频次（次）	百分比（%）
职业	公务员	142	43.2
	污染行业及相关行业	46	17.2
	媒体工作人员	31	11.6
	研究人员或学生	39	14.6
	其他行业	9	13.4
地域分布	北京市	43	12.1
	天津市	37	10.9
	河北省	25	9.4
	广东省	29	10.9
	贵州省	24	9.0
	河南省	62	23.2
	湖北省	22	15.2
	其他省市	25	9.4
了解程度	非常了解	18	6.7
	有些了解	102	38.2
	不太了解	137	51.3
	完全不了解	10	3.7

资料来源：根据问卷调查结果统计所得。

（二）变量描述统计

在对统计数据进行实证分析之前，需要对数据的描述性统计量进行分析，这种分析主要从调查中各变量的均值、标准差、偏度和峰度等方面展开。均值表示受访者对每一个测量变量的同意程度，标准差则能够检验受访者对变量测项的评价偏差程度，即标准差小表明受访者对测项的评价很相似，标准差大则表明受访者对测项的评价差别较大。偏度和峰度则表明了数据分布的状况，一般认为，数据的偏度绝对值小于3、峰度绝对值小于10时，说明数据能够符合正态分布，模型值没有被高估。[①] 如表5—9所示，本调查数据的偏度绝对值小于2，峰度绝对值小于5，说明调查数据符合正态分布检验，

表5—9　**样本描述统计量**

变量	N	均值	标准差	偏度		峰度	
	统计量	统计量	统计量	统计量	标准差	统计量	标准差
X1	267	5.02	0.912	-0.930	0.126	0.834	0.251
X2	267	3.75	0.827	-0.457	0.126	0.069	0.251
X3	267	3.65	0.811	-0.829	0.126	0.057	0.251
X4	267	3.25	0.796	-0.631	0.126	-0.299	0.251
X5	267	4.25	0.801	-0.645	0.126	0.302	0.251
X6	267	2.51	0.945	-0.865	0.126	-0.431	0.251
X7	267	1.75	1.089	-0.257	0.126	-1.329	0.251
X8	267	3.27	0.836	-0.872	0.126	0.590	0.251
X9	267	3.76	0.852	-1.027	0.126	0.661	0.251
X10	267	2.58	0.927	-0.036	0.126	-0.967	0.251
X11	267	4.82	0.846	-0.428	0.126	0.679	0.251
X12	267	3.91	0.690	-0.569	0.126	0.645	0.251
X13	267	3.67	0.887	-0.682	0.126	0.631	0.251
X14	267	3.89	0.913	-1.035	0.126	0.638	0.251
X15	267	3.73	0.785	-1.322	0.126	0.625	0.251
X16	267	2.51	1.113	-0.723	0.126	-1.017	0.251
X17	267	5.64	0.941	-0.036	0.126	0.791	0.251
X18	267	4.75	0.864	-1.337	0.126	0.786	0.251
X19	267	5.35	0.779	-0.673	0.126	0.823	0.251
X20	267	5.78	0.821	-0.268	0.126	0.877	0.251
Y1	267	2.37	1.021	-0.107	0.126	-1.352	0.251
Y2	267	6.23	0.803	-0.695	0.126	0.856	0.251

① Kline, R. B. (2004). Beyond Significance Testing: Reforming Data Analysis Methods in Behavioral Research.

二 信度与效度分析

(一) 信度分析

信度(reliability)是指调查数据的可信程度,数据的可信性是数据分析结果可信有效的前提基础,因此信度分析是处理数据的前奏和重要一步。信度有多种理解方式,主要包括了一致性分析和稳定性分析。一致性分析主要是考察调查问卷的问题设置关系,即其重复程度、问题的区别程度等。稳定性分析是指受访者自不同时间、情境下所获得结果的相似性程度,稳定性较高的调查应该能够在重复测验时获得高度相关的结果。本书调查只设计单次测量,因此主要通过内部一致性分析来获得问卷调查的信度。

内部一致性分析有折半信度、α系数、构造信度等分析方法,本书采用克朗巴哈提出的α系数对里克特量表的信度加以测量。α系数介于0和1之间,α系数越大,则调查信度越高,当α大于或者等于0.7时,表明内部一致性程度较高;当α系数在0.35到0.7之间时,表明调查的内部一致性一般;当α系数小于0.35时则表明调查的一致性较低。本书用SPSS分析调查的内部一致性,如表5—10所示,各变量的α系数均大于0.7,具有较好的内部一致性,因此本调查也具有较高的信度。

表5—10 总信度分析结果

Reliability Statistics	
Cronbach's Alpha	N of Items
0.829	22

调查问卷的总信度分析结果如表5—10所示,22个测项的克朗巴哈α系数达到0.829,高于0.7,表明本调查具有较高的信度。

具体而言，对每个潜变量和可测变量的信度检验结果如表5—11所示，各潜变量和可测变量的Cronbach's Alpha系数都达到0.7以上，制度系统和行动者系统甚至超过了0.8，这就表明本调查的内部一致性较高，信度较好。

表5—11　潜变量的信度检验

潜变量	可测变量	Cronbach's Alpha
环境支持度	3	0.760
目标锁定	3	0.719
制度系统	4	0.853
行动者行为	10	0.846
政策执行	2	0.732

（二）效度分析

效度（Validity）是指通过测量工具能够在多大程度上正确反映出所要测量的问题，既要确认通过数据收集能否反映问题、得到结论，也要判定出变量设置是否合理，根据效度定义，测量工具的效度能够从多个方面进行度量，主要有内容效度、标准效度、结构效度等。

内容效度一般通过专家定性测量或者使用公认的校标测量，本书在理论分析的基础上进行的模型构建，得到了指导专家、教授的认可，并在调查过程中及时检验和修正，因此调查的内容效度能够得到一定的保证。标准效度也被称为标准关联效度、效标效度、准则效度、预测效度、实证效度等，是通过多种测量方法对同一变量进行测量，并将某一种方式作为校标，来检验其他测量方法是否有效，在操作中一般通过显著差异分析或相关分析来实现。但因为本书只采用问卷这一种测量方法，且普遍标准难以寻找，其可靠性也很难判定，因此，这种效度的检验受到一定的限制。结构效度也被称为构造效度（construct validity），能够反映测量工具的内容与抽象概念、命题之间的匹配程度，即如果问卷调查结果和理论预期匹配程度较高，则本问卷调查具有较高的结构效度。结构效度在操作中使用较多，且有多种实现方式，本书通过收敛效度对调查的结构效度进行检验。

收敛效度能够反映同一个潜变量下各个可测变量之间的相关关系，不同潜变量之间的可测变量应当有一定的区分度，即区分效度。我们借助各测项验证性因子分析模型的拟合效果和回归系数来测量各子量表收敛效度。模型的拟合指标及评价标准如表5—12所示。

表5—12　验证性因子分析模型的拟合指标及评价标准

指标	绝对拟合指标		近似误差指数			简约拟和指标		增值拟合指标		
	X^2	X^2/d. f.	GFI	RMR	RMSEA	PNFI	PGFI	NFI	TLI	CFI
评价标准	≥0.05	<3.0	≥0.9	≤0.08	≤0.06	≥0.5	≥0.5	≥0.9	≥0.9	≥0.9

表5—13给出了本书模型中各个测项验证性因子分析模型拟合的结果，从数据可以发现，各子量表CFA模型的卡方拟合指数在测量模型中显著性概率大于0.05，X^2/d. f. 的值符合小于3的要求，GFI、CFI、NFI、IFI的值都大于0.9的参考值，RMSEA值也小于0.06的参考值。总体来看，各测项都接近参考值，该测量模型的拟合效果较好。

表5—13　模型中各测项验证性因子分析的拟合效果

	X^2	X^2/d. f.	GFI	CFI	TLI	NFI	IFI	RMSEA
环境支持度	8.112	2.028	0.962	0.984	0.957	0.974	0.958	0.034
目标锁定	13.655	2.731	0.977	0.958	0.990	0.920	0.935	0.026
制度系统	8.45	1.679	0.954	0.991	0.985	0.935	0.991	0.035

续表

	X^2	X^2/d. f.	GFI	CFI	TLI	NFI	IFI	RMSEA
行动者行为	7. 064	1. 292	0. 950	0. 981	0. 991	0. 947	0. 995	0. 043
政策执行	8. 83	1. 766	0. 934	0. 979	0. 962	0. 951	0. 983	0. 051
量表总体	156. 453	2. 253	0. 948	0. 967	0. 974	0. 950	1. 001	0. 054

表5—14是各测项的回归参数估计，在各量表中，潜变量对显变量回归系数的临界比都大于1.96，标准差大于0，估计的R^2都大于0.3，因此显变量对于潜变量都具有解释力，不需要删除变量。

表5—14　　　　模型中各测项验证性因子分析的回归参数估计

变量←因子	标准化估计值	估计值	标准差	临界比（C. R.）	显著性	R^2
X1←行动者行为	0. 735	1. 000	—	—	—	0. 534
X2←行动者行为	0. 789	1. 706	0. 140	8. 124	0. 000	0. 567
X3←行动者行为	0. 837	1. 187	0. 133	8. 786	0. 000	0. 609
X4←行动者行为	0. 921	1. 067	0. 157	9. 786	0. 000	0. 675
X5←行动者行为	0. 870	1. 183	0. 132	10. 675	0. 000	0. 589
X6←行动者行为	0. 735	1. 000	—	—	—	0. 672
X7←行动者行为	0. 789	1. 003	0. 104	8. 006	0. 000	0. 685
X8←行动者行为	0. 861	1. 378	0. 113	7. 056	0. 000	0. 691
X9←行动者行为	0. 652	1. 295	0. 112	8. 016	0. 000	0. 594
X10←行动者行为	0. 764	0. 897	0. 096	11. 513	0. 000	0. 603
X11←环境支持度	0. 658	0. 956	0. 089	9. 246	0. 000	0. 670
X12←环境支持度	0. 713	1. 000	—	—	—	0. 563
X13←环境支持度	0. 776	1. 067	0. 089	8. 134	0. 000	0. 671
X14←目标锁定	0. 735	0. 984	0. 078	7. 085	0. 000	0. 680
X15←目标锁定	0. 698	0. 934	0. 073	10. 320	0. 000	0. 590
X16←目标锁定	0. 781	1. 056	0. 076	8. 106	0. 000	0. 659
X17←制度系统	0. 649	1. 000	—	—	—	0. 543

续表

变量←因子	标准化估计值	估计值	标准差	临界比(C. R.)	显著性	R^2
X18←制度系统	0.780	1.194	0.126	11.089	0.000	0.765
X19←制度系统	0.612	1.052	0.143	7.869	0.000	0.734
X20←制度系统	0.704	0.983	0.134	7.612	0.000	0.675
Y1←政策执行	0.624	1.124	0.118	8.304	0.000	0.587
Y2←政策执行	0.763	1.002	0.147	9.058	0.000	0.589

综合表5—13和表5—14，可以知道各子量表中的变量可以反映出潜变量的含义，因而子量表的收敛效度是合乎要求的。

第五节　结构方程模型检验

本书选取结构方程模型对变量关系进行检验，这是因为相比于传统的因子因果分析、回归分析和相关分析，结构方程模型不仅能够对显变量进行检验，还可以将潜变量分解为可测变量，并关注变量影响过程，引入中介变量和调节变量，有利于理解变量作用过程，并发掘新的变量。因此，多元因子分析常基于大量统计数据，提炼出重要因子并分析其影响关系，是探索性因子分析（Exploratory Factor Analysis，EFA）。而结构方程模型以理论分析为基础，根据现有理论和经验，构建模型结构，并通过收集相关数据来验证模型关系，因此是验证性因子分析（Confirmatory Factor Analysis，CFA）。

一　模型构建与初始检验

基于第四章、第五章的概念模型，本节根据AMOS22.0构建了初始结构方程模型，如图5—2所示。该初始模型中一共有5个潜变量以及22个可测显变量，在模型假设中认为，行动者行为系统作用于政策执行，环境支持度、目标锁定和制度系统能够直接作用于政策执行，也能够通过行动者系统作用于政策执行。

此外，模型中还存在e1—e22共22个显变量的残余变量，u1—u2两个潜变量的残差变量，残差变量是为保证模型验证成立而必须引入的，其路径系数默认值是1。

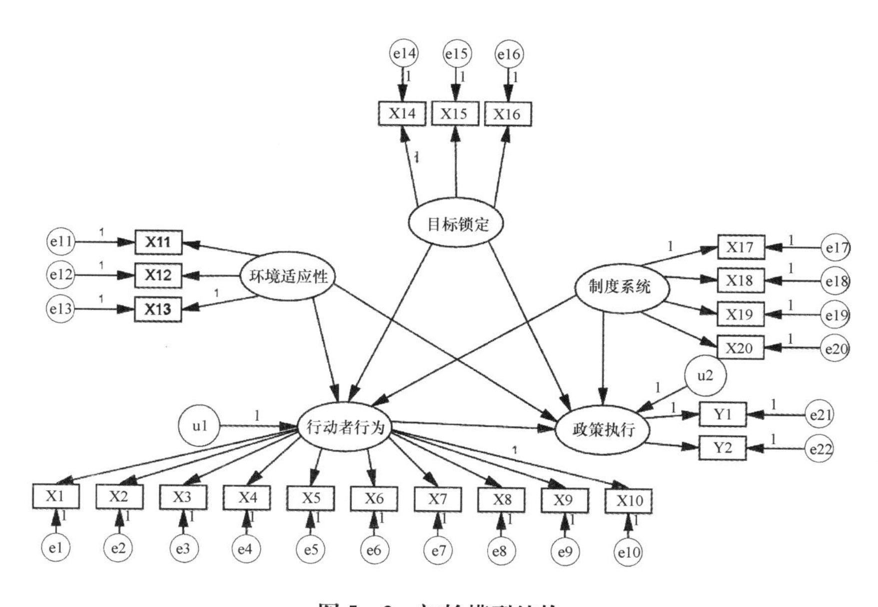

图5—2　初始模型结构

将统计数据输入结构方程模型，得到模型的初始检验结果（见图5—3）。

二　模型拟合与评价

在模型构建和初始检验之后，需要对模型的拟合程度进行评价。模型评价包括对路径系数、荷载系数的显著性检验以及模型拟合程度评价，拟合程度评价又分为绝对拟合指数、相对拟合指数和简约拟合指数，分别用多种指标加以衡量。

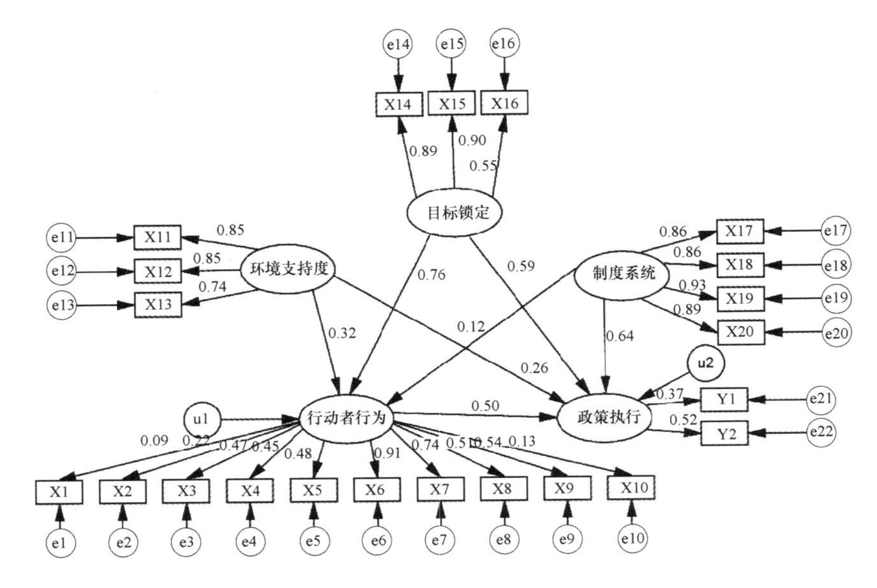

图 5—3 模型初始检验结果

(一) 路径系数及载荷系数的显著性

路径系数和载荷系数的显著性表明了数据统计结果和参数估计的统计意义，通过 AMOS22.0 运算，得到了系数估计结果（见表 5—15)、方差估计结果（见表 5—16)。

表 5—15　　　　　　　　系数估计结果

	Estimate	S. E.	C. R.	P
Actors←Environment	0. 044	0. 038	1. 152	***
Actors←Goals	0. 063	0. 053	1. 195	***
Actors←System	0. 012	0. 013	0. 977	***
Implementation←Actors	1. 973	2. 079	0. 949	***
Implementation←System	0. 257	0. 075	3. 409	***
Implementation←Goals	0. 192	0. 101	1. 899	***
Implementation←Environment	-0. 142	0. 099	-1. 428	0. 015
X10←Actors	1. 000			
X9←Actors	5. 159	4. 367	1. 181	0. 028

续表

	Estimate	S. E.	C. R.	P
X8←Actors	4. 952	4. 202	1. 178	0. 039
X7←Actors	7. 096	5. 931	1. 196	0. 032
X6←Actors	9. 233	7. 684	1. 202	0. 022
X5←Actors	5. 372	4. 580	1. 173	0. 041
X4←Actors	4. 420	3. 783	1. 168	0. 043
X3←Actors	4. 772	4. 074	1. 171	0. 021
X2←Actors	2. 022	1. 932	1. 047	0. 025
X1←Actors	0. 943	1. 336	0. 706	0. 080
X14←Goals	1. 000			
X15←Goals	0. 963	0. 083	11. 576	***
X16←Goals	0. 481	0. 082	5. 904	***
X13←Environment	1. 000			
X12←Environment	1. 439	0. 183	7. 847	***
X11←Environment	1. 351	0. 172	7. 862	***
X17←System	1. 000			
X18←System	1. 061	0. 093	11. 362	***
X19←System	1. 317	0. 101	12. 997	***
X20←System	1. 129	0. 094	11. 978	***
Y1←Implementation	1. 000			
Y2←Implementation	1. 368	0. 370	3. 695	***

注： *** 即显著性 <0. 001。

根据表 5—15 和表 5—16 的估计结果，可以看出，模型的路径系数和载荷系数具有较高的显著性，因此数据收集具有较高的统计意义。

表 5—16　　　　方差估计结果

	Estimate	S. E.	C. R.	P
Environment	0. 758	0. 186	4. 084	***
Goals	2. 028	0. 370	5. 476	***

续表

	Estimate	S. E.	C. R.	P
System	1. 378	0. 259	5. 314	***
u1	0. 004	0. 007	0. 596	0. 051
u2	0. 077	0. 089	0. 869	0. 035
e10	0. 866	0. 123	7. 059	***
e9	0. 915	0. 136	6. 754	***
e8	0. 952	0. 140	6. 791	***
e7	0. 588	0. 096	6. 094	***
e6	0. 262	0. 076	3. 450	***
e5	1. 360	0. 199	6. 841	***
e4	1. 068	0. 155	6. 873	***
e3	1. 127	0. 165	6. 852	***
e2	1. 147	0. 163	7. 033	***
e1	1. 474	0. 209	7. 065	***
e14	0. 521	0. 134	3. 879	***
e15	0. 457	0. 122	3. 736	***
e16	1. 067	0. 158	6. 756	***
e13	0. 618	0. 109	5. 680	***
e12	0. 619	0. 156	3. 979	***
e11	0. 525	0. 136	3. 877	***
e17	0. 486	0. 085	5. 722	***
e18	0. 545	0. 095	5. 716	***
e19	0. 397	0. 095	4. 195	***
e20	0. 485	0. 091	5. 322	***
e21	1. 417	0. 218	6. 492	***
e22	1. 106	0. 225	4. 911	***

注： *** 即显著性 <0. 001。

（二）模型拟合程度评价

模型拟合有多种不同的指数可以对模型的复杂性、样本、相对性和绝对性进行检验。而比较常用的是绝对拟合指数、相对拟合指数和简约拟合指数，包括了卡方自由度比（CMIN/DF）、残差均方和平方根（RMR）、渐进残差均方和平方根（RMSEA）、拟合度指数（GFI & AGFI）、基准化适合度指标（NFI）、比较适合度指标（CFI）、增量适合度指标（IFI）、赤池信息标准（AIC）、一致赤池信息标准（CAIC）等指标。本书选取部分标准进行检验和评价，其结果如表5—17所示。与评判标准相比较发现，GFI、TFI、CFI都接近或大于0.9，认为其拟合程度尚可接受；SRMR小于0.05，其拟合程度较好，但RMR、RESEA大于0.05，NFI小于0.09，不符合拟合标准，因此，需要对初始模型进行修改。

表5—17　　　　初始模型拟合度检验结果评价

指数名称		评价标准	拟合结果	评价
绝对拟合指数	X^2	越小越好	236.462	—
	GFI	大于0.9	0.872	尚可
	RMR	小于0.05，越小越好	0.053	不符合
	SRMR	小于0.05，越小越好	0.046	较好
	RMSEA	小于0.05，越小越好	0.062	不符合
相对拟合指数	NFI	大于0.9，越接近1越好	0.668	不符合
	TLI	大于0.9，越接近1越好	0.890	尚可
	CFI	大于0.9，越接近1越好	0.921	较好
信息指数	AIC	越小越好	226.837	—

三　模型修正

Amos软件不仅显示了模型的检验结果，而且还给出了修正指标，如果某变量修改指标较大，这意味着初始模型对这些变量间的关系没有进行设计，这就需要对这些变量的关系进行修改。

实际中几乎没有模型只经过一次的运算就可以符合各项检验标准，一来可能是由于初始模型本身存在需改进之处，二来也可能是测量量表的数据偏差。接下来需要对模型进行调整，尽量使各评级指标符合标准。模型修正是通过在 Regression Weights 表中，可以看到 M. I. 值，找出误差变量中最大的项目，通过模型修正，使得 Chi-square 减小，P 值增加，从而得到适合的模型结构。因此，可以通过修改模型中增加的残差间的协方差关系和变量间的路径关系，本书选取了修正指数较大的路径进行路径修改，如表 5—18 所示。

表 5—18　　　模型修正指数的估计结果（部分）

	M. I.	Par Change
Goals←System	41. 360	0. 863
Environment←System	69. 879	0. 945
Environment←Goals	32. 171	0. 791

根据模型修正指数，增添了环境支持度、目标系统和制度系统之间的两两相关性，并在模型关系中增加了三条相关性路径，其模型检验图如图 5—4 所示。

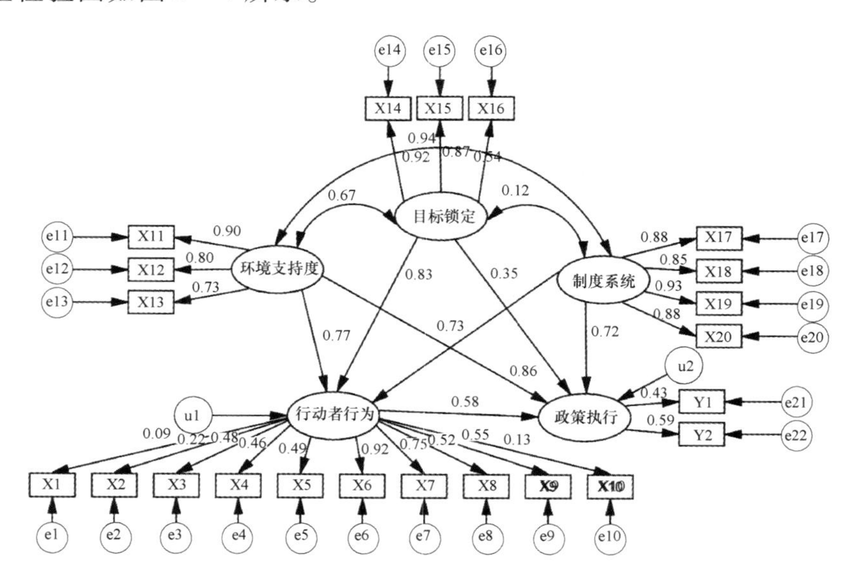

图 5—4　修正后的结构方程模型

然后对模型的拟合情况进行了检验，其结果如表5—19所示，修正后模型的拟合指标值和效果情况都比较好，因此，该结构方程模型不再需要修正。

表5—19　　修正模型拟合指数结果

指数名称		评价标准	拟合结果	评价
绝对拟合指数	X^2	越小越好	225.462	—
	GFI	大于0.9	0.912	较好
	RMR	小于0.05，越小越好	0.047	较好
	SRMR	小于0.05，越小越好	0.043	较好
	RMSEA	小于0.05，越小越好	0.032	较好
相对拟合指数	NFI	大于0.9，越接近1越好	0.868	尚可
	TLI	大于0.9，越接近1越好	0.865	尚可
	CFI	大于0.9，越接近1越好	0.913	较好
信息指数	AIC	越小越好	226.837	—

修正模型的参数估计结果如表5—20所示，各个路径系数和载荷系数都具有较为显著的统计意义。

表5—20　　修正模型的系数估计结果

	Estimate	S. E.	C. R.	P
Actors←Environment	4.107	1.105	3.717	***
Actors←Goals	4.968	2.051	2.422	0.023
Actors←System	4.072	1.073	3.795	0.021
Implementation←Actors	8.779	2.897	3.030	0.037
Implementation←System	7.532	1.375	5.478	0.016
Implementation←Goals	5.138	2.153	2.386	0.036
Implementation←Environment	2.672	1.312	2.037	0.024
X10←Actors	1			
X9←Actors	5.286	1.404	3.765	***

续表

	Estimate	S. E.	C. R.	P
X8←Actors	5. 04	2. 211	2. 280	***
X7←Actors	7. 257	1. 974	3. 676	***
X6←Actors	9. 517	4. 8	1. 983	***
X5←Actors	5. 533	2. 639	2. 097	***
X4←Actors	6. 54	2. 822	2. 318	***
X3←Actors	4. 829	1. 059	4. 560	***
X2←Actors	7. 055	1. 926	3. 663	***
X1←Actors	2. 941	1. 315	2. 237	0. 025
X14←Goals	1. 000			
X15←Goals	0. 913	0. 073	12. 452	***
X16←Goals	0. 455	0. 078	5. 822	***
X13←Environment	1. 000			
X12←Environment	1. 379	0. 174	7. 919	***
X11←Environment	1. 448	0. 162	8. 920	***
X17←System	1. 000			
X18←System	1. 020	0. 088	11. 612	***
X19←System	1. 290	0. 091	14. 180	***
X20←System	1. 094	0. 087	12. 505	***
Y1←Implementation	1. 000			
Y2←Implementation	1. 356	0. 313	4. 338	***
Environment←Goals	0. 844	0. 183	4. 604	***
Goals←System	1. 261	0. 241	5. 235	***
Environment←System	0. 966	0. 179	5. 391	***

注：*** 即显著性 <0. 001。

除了上述修正指数外，还有更多的残差变量之间的修正指数，但是因为模型修正需要以模型的理论构建为基础，部分修正指数不显著且缺乏实际意义，因此，在本书的模型修正过程中予以忽略。根据上述模型检验、修正和再检验的结果，可以发现模型内在结构的拟合程度较好。模型修正后的标准化路径系数如表 5—21 所示，各个假设的验证结果也得到了证明。

表 5—21　　　模型修正后的标准化系数及验证结果

	Estimate	假设	验证情况
Actors←Environment	0. 769	H5	假设成立
Actors←Goals	0. 833	H6	假设成立
Actors←System	0. 727	H7	假设成立
Implementation←Actors	0. 580	H4	假设成立
Implementation←System	0. 717	H3	假设成立
Implementation←Goals	0. 353	H2	假设成立
Implementation←Environment	0. 857	H1	假设成立
X10←Actors	0. 127	H4j	假设成立
X9←Actors	0. 550	H4i	假设成立
X8←Actors	0. 523	H4h	假设成立
X7←Actors	0. 747	H4g	假设成立
X6←Actors	0. 915	H4f	假设成立
X5←Actors	0. 493	H4e	假设成立
X4←Actors	0. 464	H4d	假设成立
X3←Actors	0. 475	H4c	假设成立
X2←Actors	0. 223	H4b	假设成立
X1←Actors	0. 092	H4a	假设成立
X14←Goals	0. 917	H2a	假设成立
X15←Goals	0. 874	H2b	假设成立
X16←Goals	0. 537	H2c	假设成立
X13←Environment	0. 730	H1a	假设成立
X12←Environment	0. 798	H1b	假设成立
X11←Environment	0. 897	H1c	假设成立
X17←System	0. 879	H3a	假设成立
X18←System	0. 845	H3b	假设成立
X19←System	0. 928	H3c	假设成立
X20←System	0. 877	H3d	假设成立
Environment←Goals	0. 673	H8	假设成立
Goals←System	0. 122	H9	假设成立
Environment←System	0. 940	H10	假设成立

除了最初的假设之外，在对模型进行修正后我们添加了三条新的路径，分别是环境支持度与目标锁定、环境支持度与制度系统和目标锁定与制度系统之间的双向路径。根据表5—20，其路径系数在0.05水平上显著，临界比明显，这说明环境支持度、目标锁定和制度系统这三个潜变量之间具有相关性，新增假设H8、H9、H10得到验证。

四 模型解释

（一）影响路径解释

根据结构方程模型方法对大气污染防治政策有效执行的主要因素及其作用路径进行分析，结果表明，在EGSA概念模型假定中，政策的环境支持度、目标锁定、制度系统和行动者行为能够全方位影响政策执行结果，而环境支持度、目标锁定和制度系统又能够作为调节变量，通过影响行动者行为对政策执行效果产生影响。大气污染防治政策有效执行的影响因素与机理如图5—5所示。此外，在模型修正过程中发现，政策的环境支持度、目标锁定和制度系统之间存在一定的相关性，这也符合制度演化理论，制度系统也能够随着环境和政策过程而产生渐进式制度变迁。

根据图5—5可知，大气污染防治政策有效执行的影响因素作用路径有7条，分别是：

（1）环境支持度→政策有效执行

（2）目标锁定→政策有效执行

（3）制度系统→政策有效执行

（4）行动者行为→政策有效执行

（5）环境支持度→行动者行为→政策有效执行

（6）目标锁定→行动者行为→政策有效执行

（7）制度系统→行动者行为→政策有效执行

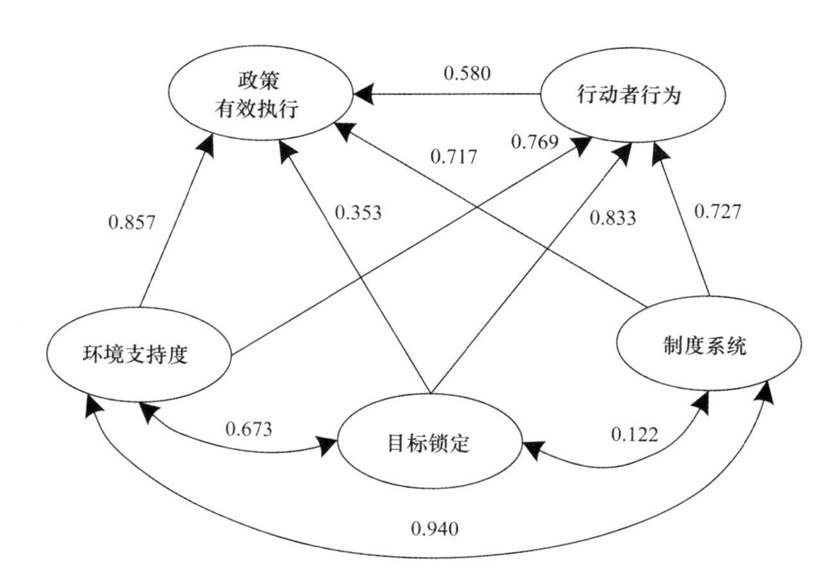

图 5—5 大气污染防治政策有效执行的影响路径

前四条路径显示了环境支持度、目标锁定和制度系统、行动者行为可以通过自发调节促进大气污染防治政策的有效执行，路径 5、6、7 则展示了环境支持度、目标锁定和制度系统作为外部调节变量，能够影响行动者系统，从而推动大气污染防治政策的有效执行。

此外，在更长的时间范围内，环境支持度、目标锁定和制度系统能够相互影响，政策环境支持度的提升有利于锁定政策目标，并推动制度系统的演化，而目标锁定本身就是对政策环境的回应，同样能够带来制度系统的微调，制度系统的改善则有利于制定出更加有效、精准的大气污染防治政策，这些因素相互作用，并最终作用于行动者行为，提高政策执行程度。

（二）政策结论

1. 大气污染防治政策有效执行的关键是制度完善

从结构方程模型的结果发现，制度系统能够直接作用于政策执行，其路径系数标准化估计值为 0.717，同时，制度系统又能够以

0.727的标准化路径系数影响各政策执行主体，并通过行动者以0.580的路径系数作用于政策执行过程。因此，可以说大气污染防治政策有效执行的关键是制度体系的完善，具体而言，可以从提升政府的威权、央地权责关系重塑、加强中央对地方的控制以及促进跨域合作机制的建立等方面促进大气污染防治政策的有效执行，进而提升大气质量。

2. 大气污染防治政策执行的有效路径是行动者动员和能力的提升

由行政系统、规制对象和社会公众组成的行动者系统是大气污染防治政策执行的主体，也是结构方程模型分析的自变量，对大气污染防治政策的有效执行起到直接的影响作用，同时，各种外部变量也能够通过各种方式作用于自变量，进而影响大气污染防治政策的执行过程。这说明，行动者自变量系统比较容易受到外部干扰，因而，具有一定的外部脆弱性，可靠程度相对较低，但这也给大气污染防治政策的执行和改善提供了充分的空间。具体而言，主要是通过意愿动员和能力提升两个方面进行路径建构。对于行政系统而言，需要提升其执行大气污染防治政策的动力，通过宣传、政治意义赋予等方式进行内部动员，提升各级官员执行大气污染防治政策的积极性；还应从人事、财政、权力、协调等方面提高地方政府执行大气污染防治政策的能力。对于企业，一方面要提升遵守大气污染防治政策的动力，提升其环保意识，并采取“胡萝卜加大棒”的方法，将经济激励和严格监管相结合，提升企业环保动力；另一方面要促进污染企业升级转型，引进有效的污染处理设备，提升企业环保的能力。对于社会公众而言，除了要加强环保宣传与教育，提高社会公众环保意识，倡导绿色生活、绿色出行等新型生活方式，更重要的是，通过制度建设提高社会各界参与、监督政策制定和实施全过程的能力，通过引进社会化力量，全面提升政策治污效力。

3. 大气污染防治政策有效执行的前提是政策的合理与清晰制定

本书将政策文本的考察纳入政策执行研究，这也是因为政策制定的清晰和合理程度是政策有效执行的首要前提。结构方程模型的数据处理也验证了这一假定，政策的合理与清晰主要表现为政策与环境的适应性和政策目标的锁定状况。政策的合理、清晰程度也能够作用于自变量行动者系统，与环境相适应、目标清晰分解的政策能够得到行动者的理解，且资源消耗较少，而与环境相冲突、目标模糊的政策在层级传递过程中容易失去标的，沦为表面文章的象征性执行。

第六节　本章小结

本章在理论分析的基础上，通过变量测度和指标选择等步骤设计了定量分析方法，并通过问卷方式收集数据，在对样本数据进行描述统计和信度、效度分析之后，运用结构方程模型对数据进行了验证，通过模型的修改和再拟合，对初始概念模型进行了检验，增添了相关路径，得出影响大气污染防治政策有效执行的因子模型，并计算出各影响因子对大气污染防治政策有效执行的影响路径系数，这说明本书提出的概念模型能够很好地总结大气污染防治政策执行的影响因素，最后根据模型结果，梳理了大气污染防治政策有效执行的因素作用机理，提出主要的政策启示。

第六章

京津冀一体化治霾的案例研究：模型运用与修正

第五章利用结构方程模型，通过来自多地的调查数据，对大气污染防治政策执行的影响因素进行了测量，厘清了 EGSA 模型中各要素之间的内在联系。本章利用第五章得出的相关研究结论，对新形势下京津冀地区一体化合作治霾这个政策执行过程进行剖析，研究目的在于将研究结论运用到具体的案例分析之中，对政策执行进行详细结构，既深化既有研究结论，又能为京津冀一体化治霾提供理论指导和相应的政策建议。本章主要研究以下几个方面的内容：理解京津冀一体化治霾政策产生的背景和内容；分析推进政策执行的重要契机与关键要素；通过案例比较研究，分析影响大气污染防治政策执行的不同“情境”组合；阐述推进京津冀一体化治霾政策执行的主要问题和挑战；提出完善政策执行方式的建议。

第一节 案例描述

一 案例背景

在京津冀地区的大气污染防治政策实践中，以中心城市索取为特征的风沙治理和以产业转移为特征的污染企业搬迁都由于种种因素的制约陷入了困境。这两个政策过程以区域内部政治、经济发展的不均衡及其所带来的环境容纳阶梯为基础，但是并没有从根本上解决空气污染问题，甚至通过叠加加大了污染，也进一步拉大了区域内部的发展差距。“奥运蓝”和“APEC蓝”的出现得到上层政府的支持，通过行政方式要求周边地区对防污控污作出贡献，但这种方式缺乏足够的动员和利益协调，不可持续性明显。因而，如何构建可持续的合作机制，通过发展战略、经济利益、价值认知的统一来整合多地区、多层级、多部门的多中心力量，有效而又长效地解决区域大气污染困局，成为实践中的难点和理论研究的重点。

近年来，京津冀地区大气污染形势日益严峻。以雾霾为例，雾霾污染具有远程传播和区域叠加的功能，传统的环境治理模式和合作方式难以满足新形势下对大气治理的要求，因而对区域协同治理提出了更高的要求，推动京津冀一体化治霾是大气治理的必由之路。京津冀作为中国区域发展较为领先和成熟的地区，借环保一体化推动区域经济一体化发展是重要的战略性规划。2014年2月，习近平总书记在京津冀协同发展工作汇报座谈会上提出，要加快京津冀地区一体化进程，通过联防联动推动大气污染防治成为新的战略性路径。

二　政策方案形成

京津冀一直在尝试建立起真正的大气污染合作治理框架。从2010年开始，国家相继出台了《关于推进大气污染联防联控工作改善区域空气质量的指导意见》《重点区域大气污染防治的“十二五”规划》等政策文件，以法律和政策形式宏观指导和推进京津冀地区的控污合作治理，《京津冀及周边地区大气污染防治行动计划》等大气污染防治专项计划陆续展开，国家环保部和京津冀蒙晋鲁六省市区连续两年召开了京津冀及周边地区大气污染防治协调会议，成立了常设性的京津冀及周边地区大气污染防治协作小组，通过召开联席专题会议联合部署工作重点及实施安排。2013年国务院制定了《大气污染防治行动计划》，明确提出了要建立重点区域空气质量改善严格考核机制，还要求六省市区域签订防治责任书，行政压力空前。随后，京津冀三地历经数年时间逐渐探索出了一系列针对大气污染的联防联控策略：除在共同监测数据和共享上不断加深合作，更在推动三地联动治理的体制机制上重点谋划。例如，《京津冀区域环境保护率先突破合作框架协议》以大气、水、土壤污染防治为重点，以联合立法、统一规划、统一标准、统一监测、协同治污、联动执法、应急联动、环评会商、信息共享、联合宣传十个方面为突破口，联防联控，共同改善区域生态环境质量。为了从根本上改善区域大气质量，中国首部区域大气质量控制的中长期规划《京津冀区域大气污染控制中长期规划》的编制业已启动。表6—1归纳了当前推进京津冀一体化合作治理的政策方案体系。

表6—1　　京津冀一体化合作治理的政策方案体系

发布时间	发布主体	政策
2010.06	国务院办公厅	《关于推进大气污染联防联控工作改善区域空气质量的指导意见》
2012.10	环保部、国家发展改革委、财政部印发并获国务院批复	《重点区域大气污染防治的"十二五"规划》
2013.09	国务院	《大气污染防治行动计划》
2013.09	环保部、国家发展改革委、工信部、财政部、住房建设部、国家能源局	《京津冀及周边地区落实大气污染防治行动计划实施细则》
2015.03	中央政治局	《京津冀协同发展规划纲要》
2015.06	开始编制	《区域大气污染防治中长期规划》
2015.08	国家发展改革委	《京津冀协同发展生态环境保护规划》

续表

发布时间	发布主体	政策
2015.12	京津冀三地环保厅局	《京津冀区域环境保护率先突破合作框架协议》
2015.12	国家发展改革委、交通运输部	《京津冀协同发展交通一体化规划》

资料来源：根据新闻报道、政府网站整理所得。

从京津冀及周边地区大气污染防治协作小组办公室不定期的会议通气，到京津冀及周边地区区域机动车排放污染控制培训交流会的具体实践；从三地陆续出台大气污染治理条例推动有关标准的对接、统一，到京津冀地区生态环境保护整体方案率先在环境保护领域推动京津冀一体化走向现实。

第二节　政策过程解构

京津冀一体化合作治霾政策的形成与当下京津冀地区严重的大气污染有直接关系。那么，如何来认识和理解京津冀通过一体化进程推动雾霾治理的政策体系及执行“情境”呢？借助第二章的分析框架和第五章的研究结论，主要从四个方面着手进行政策解读和剖析：政策执行的外部机遇；政策体系分解与目标锁定；政策执行的制度体系；行动者行为转变。

一　政策执行的外部机遇

随着雾霾问题的加重，中央政府和地方政府都在致力于寻求缓解雾霾污染的方法。2013 年，国务院发布《大气污染防治行动计划》，明确提出京津冀作为雾霾治理的关键区域，应着力于解决雾霾污染，并提出到 2017 年区域细颗粒物浓度总体下降 25% 的目标要求。2014 年，习近平总书记将京津冀地区通过一体化来实现生态环境等诸多方面的协同治理提升为国家重大战略的高度。京津冀地理位置上唇齿相依，共处一个生态单元，大气污染相互交织、叠加，难以分割。近年来加剧的“雾霾一体化”倒逼京津冀地区通过一体化战略，推进雾霾治理的联防联控，从而实现区域大气质量的改善。

尽管京津冀一体化在过去很长时间内一直受到各方的关注，但受制于多方面的因素，进展缓慢。区域雾霾问题主要通过临时性联防联控加以解决；同时，大气污染治理的联防联控也能够推动区域全面一体化。尽管之前曾有过区域联防联控的一些试点和试验，但持续性不足，体制阻力较大，导致政策失败。然而，随着此次京津冀一体化治霾政策体系的不断完善，政策执行的环部环境也发生了重大转变，带来了外部机遇，主要表现在以下几个方面。

京津冀一体化已经上升为国家战略。为了协调京津冀一体化发展，国家在中央层面成立了京津冀一体化领导小组，这是规格最高的区域经济发展小组之一。该领导小组多次召开京津冀大气污染一体化防治工作会议，习近平总书记也多次强调要通过一体化方式来推进京津冀地区的大气污染防治，并将京津冀一体化上升为国家战略。来自中央政府的高度支持推动了区域大气治理的一体化进程，国家战略的带动作用，能够有效解决大气污染防治政策执行中利益协调、产业调整、产业转移以及环境执法难等问题。一体化治霾政策的政治支持力度不断增强，给区域内部的地方政府、官员、企业和社会公众释放了充足的政治信号，提升了政策执行的动力。

社会舆论的广泛支持。一方面，京津冀地区的大气污染吸引了国内外社会的密切关注，公众对大气质量的要求不断提升，环境价值认知提高，参与大气污染防治的积极性也大幅度提高；另一方面，新闻媒体对大气污染更是进行了焦点式关注，大量的大气污染事件、大气污染防治政策及其行动计划得到广泛传播。例如，以雾霾作为关键词，收集2015年10月到2016年3月的百度指数，可以发现社会公众和新闻对雾霾一直处于高位关注状态，每周关注度的平均值为1515条，最高关注度为54930条，多个时间段的整体搜索指数长期处于比值增加状态，这组数据从侧面验证了公众和新闻媒体对大气污染防治的持续性关注。

产业结构调整与升级的不断深化。京津冀地区是中国重要的工业基地，集聚了大量高耗能、高污染企业，产生的工业粉尘、烟煤也成为大气污染的重要来源。因此，产业结构的调整和升级是京津冀一体化治霾的必由之路，也得到了各方的支持，大量的污染型企业关停，淘汰升级小煤炉，安装脱硫设施，出台优惠政策支持污染企业转型升级。这种产业结构转型不再是污染企业外迁的以邻为壑，而是区域内部的产业调整与升级，各地区可以依据各自的特色，重新布局产业发展。产业结构调整与升级的宏观背景也侧面降低了地方政府牺牲环境发展经济的意愿，给大气污染防治政策的执行提供了良好外部环境。

二　政策体系分解与目标锁定

政策体系目标的模糊性。京津冀地区比较明确地将大气污染防治作为一项重要目标，并提出到2017年区域细颗粒物污染浓度下降25%。但是政策如何分解、如何实施却具有很大的模糊性。这种政策目标的模糊性来源于两个方面：一方面，明晰的目标会加大地方政府大气污染防治的压力，但又缺乏相应的激励和控制机制，政策执行极有可能遭遇失败甚至是作假；另一方面，大气污染治理属于整体性公共事务，具有内在的公共性特征，再加上大气质量的变动性，对政策效果的准确统计和综合评价具有很大难度。因此，在京津冀大气污染防治过程中，只能以总体效果来评价政策执行的有效性。例如，北京地区2015年良好天气比2014年多了13天，严重污染天气减少了1天，官员认为这说明治霾政策取得了效果，而公众却无法敏锐感知到，认为治霾政策没有效果。

政策目标的冲突性。雾霾治理必然涉及大量传统企业的关闭、淘汰或转型与升级，这在短期内会对地方经济发展、企业利益以及劳动力就业产生影响。经济转型不会一蹴而就，产业淘汰升级的阵痛必然会形成大气污染防治政策执行的阻力，在一些县域城市，污染型企业是当地经济发展的支柱企业，雾霾政策迫使当地政府在经济发展与政策执行之间做出选择，政策目标之间的冲突必然会对地方政府形成目标选择困境。在以地方GDP发展为导向的考核和激励体制下，地方政府和官员极有可能选择经济发展，而忽略大气污染防治政策的执行。

政策体系的政策工具选择。政策有效执行需要构建起完整而有效的政策工具体系，就大气污染防治政策而言，有基于政府、市场和社会的三类政策工具，包括许可证、污染税费、排污交易、信息公开等诸多形式。不同政策工具的适用对象和效率不一，因此，政策工具选择的有效性会对政策执行效果产生重要影响。在京津冀地区一体化协同治霾的政策体系中，大量倚靠行政性政策工具，使用“关停”“淘汰”“严禁”“严格准入”等字眼，尽管行政性政策工具保证了政策推进，但也造成了社会和市场力量的动员不足，政策刚性较强，行政主体力量有限，政策的调节和可持续性较差。

三 政策执行的制度体系

京津冀一体化治霾政策意义重大，给政策执行提供了良好的外部环境，政策执行过程中有许多联防联控的制度创新，但仍需要解决关键性制度设计问题，从执行系统内部构建起有效的激励和控制机制，促进区域间政策执行的合作与衔接，调动多主体的积极性，减少政策执行中的机会主义行为，破解治理大气污染的集体行动困境。

区域性合作组织的建立。跨行政区域政策执行必然需要区域性合作组织的建立，以促进区域内部协调和利益均衡。2015 年 8 月，为了更好地治理京津冀及周边地区的大气污染，京、津、冀、晋、鲁、内蒙古、豫七省区市及环保部、国家发展改革委、工信部、财政部、住建部、气象局、能源局、交通运输部八部门，成立了京津冀大气污染防治协作小组。合作组织的建立将致力于解决京津冀一体化治霾政策执行过程中的利益分配问题、资金来源问题、沟通与协调问题、联合执法问题及其他体制性问题，为推动政策执行提供了组织保障。不仅如此，京津冀大气污染防治协作小组还将按照“统一规划、严格标准、联合管理、改革创新、协同互助”的原则，建设完善生态管制制度，打破行政区域限制，加强生态环境保护和治理，扩大区域生态空间，将治霾政策执行的诸多经验推广到生态环境的更多领域。

央地责任关系的调整。大气污染治理属于区域公共事务范畴，已经超出了单个地方政府的治理能力。传统的治官权与治民权上下分割的央地关系结构显然不能适应新的需求，地方公共事务需要中央政府的更多权威和资源支持。2015 年，国务院成立了京津冀协同发展领导小组，以高规格的行政权威对包括雾霾政策及执行等诸多区域内部问题进行指导和协调，这是对京津冀地区央地责任关系的重要调整。以落实《大气污染防治计划》为例，据测算政策执行过程需要 1.76 万亿元资金支持，除了要求地方政府加大对“煤改气”等工程的扶持力度外，中央政府也通过“以奖代补”方式，支持重点区域大气污染防治。由此可见，在京津冀一体化治霾的政策执行过程中，大气污染防治的央地责任关系正在弥合之中。

重构激励与控制机制。激励和控制机制是调整地方政府行为逻辑的保障。对地方政府而言，作为中央政府代理人和自利理性人的角色常常发生转换，这对于政策执行过程具有关键性影响。在京津冀一体化治霾的政策过程中，中央政府不断尝试重构地方政府和官员的激励机制，在地方党政领导班子和领导干部政绩考核工作中弱化 GDP 排名，逐渐增加绿色发展、大气污染防治等多种指标，重构地方政府的发展观和利益观，通过政治激励调动地方政府重视大气污染治理的积极性。

四　行动者行为转变

政策情境的变化，必然引起行动者行为的转变，在京津冀一体化治霾政策的案例研究中，本书详细分析了政策环境、政策目标和制度系统的主要特征及发生的变化。但这些情境性因素的转变如何引起行动者行为的转变，则需要分别详细阐述。

政策环境变化对行动者政策执行行为的影响。不同于某一个地区的大气污染防治政策执行，京津冀一体化治霾政策的政策环境发生了重大转变，对政策执行主体产生了重要影响，从直接相关性考虑，主要讨论对地方政府及其职能部门行为和规制对象行为的影响（见图 6—1）。政策环境的转变主要分为三点：政治支持度的提升、经济发展和结构转型的压力、社会关注度的增强。政策政治支持度的提升和社会关注度的增强能够提升地方政府的政治信心，使得地方政府对大气污染防治政策加入更多的政治性解读，基于政治形象和晋升的政治利益考虑，能够促进地方政府执行政策的力度，赚取更多的政治表现。如果这种政治信号持续加强，则更有可能导致地方政府的行动逻辑从自利向代理人的转换。另外，政治支持和社会关注的增强改变了社会风气，影响人们的环境认知和生活方式，同时也有利于污染企业信息公开，压缩污染企业的活动空间，而污染企业基于企业形象、社会信誉等考虑，可能会转变企业利益观，投入更多的资金治理污染，从而获得长期收益。然而，政策环境中经济发展和结构转型难度提升、压力增大，则会增加地方政府对经济发展的顾虑，也会给污染企业提供更多的投机空间，不利于大气污染防治政策的执行。综上所述，政策环境的变化对行动者行为以及政策执行的影响比较复杂，但行动者究竟要做出何种行为选择，取决于各正负因素之间的抗衡，政治社会支持和经济支持也并非一定不可兼得，如果转变地方考核指标，降低 GDP 比重，重视经济结构和绿色发展，或者在更长时间里，经济结构顺利转型，绿色产业和高新科技产业的发展必然能够扭转政策环境中的冲突，则地方政府和污染企业就能够自觉遵循大气污染防治政策，有效改善大气质量，实现经济发展和环境保护的双赢。①

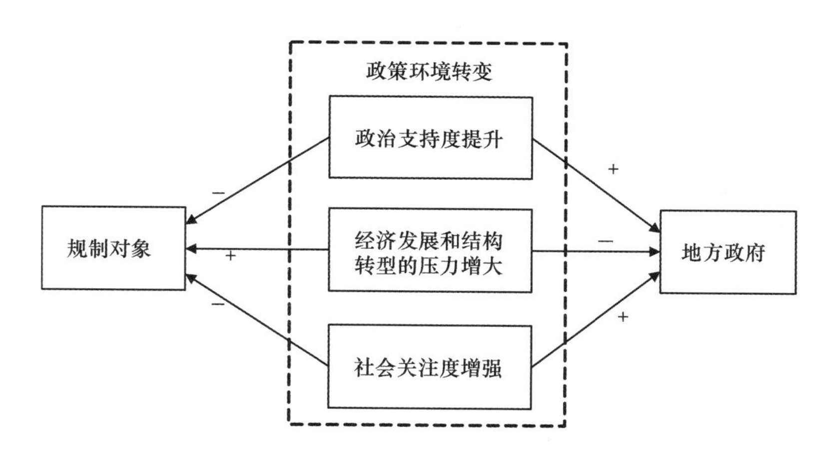

图 6—1　政策环境变化对行动者行为的影响

政策目标锁定对行动者政策执行行为的影响。政策的目标锁定状况分为政策目标的分解状况、冲突性和政策工具选择（见图 6—2）。在京津冀一体化治霾的政策体系中，只规定了整体性目标，而各地区、企业对政策目标的响应和分解有限，导致政策目标体系比

① Lasswell, H. D. (1956). The Political Science of Science: An Inquiry into the Possible Reconciliation of Mastery and Freedom. *American Political Science Review*, 50 (4): 961 – 979.

较模糊。同时，政策文件中对关停企业、升级污染处理设备等规定与经济发展目标冲突性较高，该区域很多市县的经济发展都高度依赖钢铁、煤炭、火电等高污染行业企业，但以GDP统计为基础的经济发展竞争仍然是当下最重要的考核和晋升渠道，因此，这必然降低地方政府执行大气污染防治政策的意愿，从而给污染企业提供了活动空间。就政策工具而言，京津冀一体化治霾政策更多地运用强制、命令型政策工具，增加了执法过程中的冲突，不利于调动规制对象的内在动力，因而其效果和可持续性有限。经济处罚型政策工具处罚标准较低，甚至造成了企业主动交处罚金继续排污的现象。

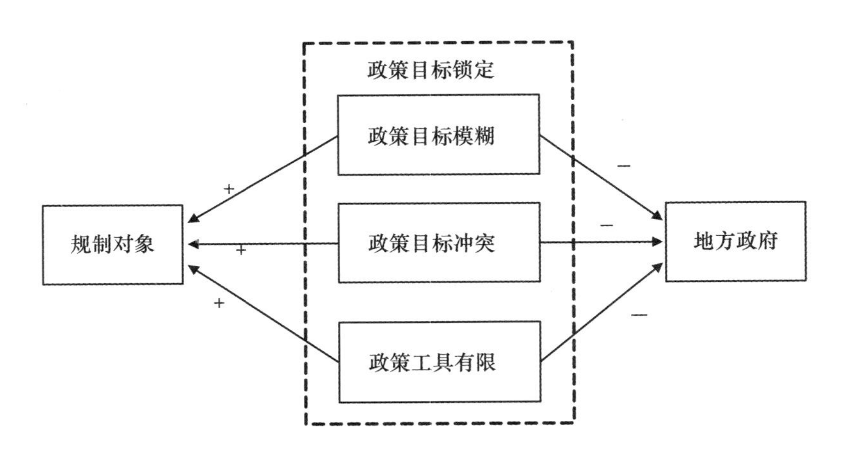

图6—2 政策目标锁定状况对行动者行为的影响

制度系统对行动者政策执行行为的影响。制度系统是影响行动者行为的关键，制度系统的变化将对行动者产生深刻而重大的影响（见图6—3）。在京津冀一体化治霾政策的形成和执行过程中，制度系统逐渐发生了深刻的转变，主要体现在中央和区域领导组织的建立、央地责任关系调整和重构激励和控制机制三个方面。为了推动京津冀一体化治理雾霾，成立了京津冀大气污染防治协作小组进

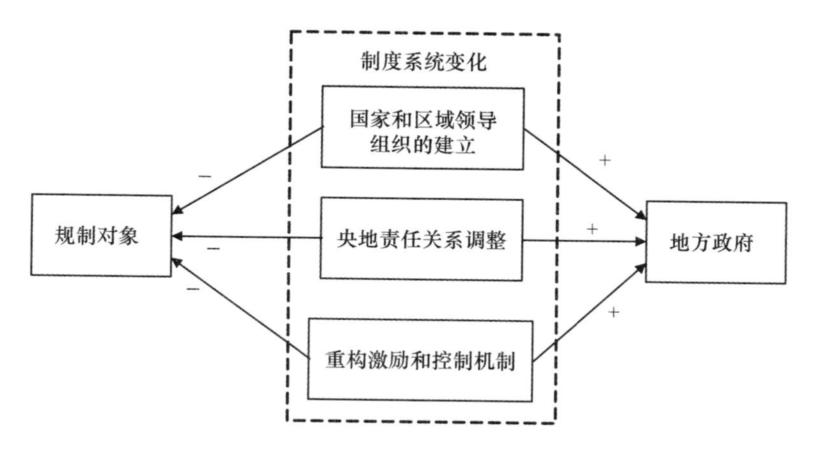

图 6—3 制度系统变化对行动者行为的影响

行统筹管理，协作小组的成立为区域内部的利益协调、机制衔接提供了组织保障。而国务院主导成立的京津冀协同发展领导小组则给区域一体化注入了自上而下的威权，将区域经济、生态、环境等诸多领域的一体化进程上升为国家战略，给政策执行提供了权威性支持。京津冀一体化治霾将地区公共事务转换为区域公共事务，而国务院和国家战略的部署又将区域公共事务转化为中央政府的公共事务，这种转化提高了中央政府在雾霾治理过程中的责任，强调中央政府对区域性事务的关注和协调，因而，在本质上这是对中国治官权和治民权上下分割的央地责任关系的一种调整，这种调整能够提高公共事务的治理能力，提升政府对清洁大气等公共产品的供给能力。政府内部的激励和控制机制也在不断重构，习近平总书记不断强调“既要金山银山，也要绿水青山”，“绿水青山就是金山银山”，这是对地方发展观的重塑，也是高层释放的重要政治信号，地方考核不再唯 GDP 论，而要强调绿色发展，官员晋升不能只看面子工程，官员任期内损害生态环境将终生追责，北京将环保指标的完成情况与官员的职位升降相挂钩。此外，在监督和控制方面，京津冀地区也在进行着制度性尝试，提出了定期通报、约谈、信息公开、专项执法等监督和控制机制，以促进政策的有效执行。综上，制度系统发生的变化极大地改变了地方政府的发展理念和利益格局，促使地方政府和规制对象的行为策略发生了重大转变，给地方政府执行政策提供了充足的权力、动力和制度性便利，这将导致规制对象活动空间的极大压缩，从而推动大气污染防治政策的执行。

第三节　政策执行改进建议

通过对京津冀一体化治霾政策的解构，可以发现在政策执行中面临的有利条件、关键要素、好的做法以及存在的问题。结合本章前述部分的论述，京津冀一体化治霾政策的执行可以从以下几个方面加以完善。

不断优化政策执行的外部环境和条件。京津冀一体化治霾政策的执行需要综合考虑经济发展水平、产业结构以及区域统筹发展等客观现实情况，经济发展和环境保护之间需要一个内在均衡，为政策执行提供良好的外部环境。一方面，中央政府继续加强对京津冀一体化治霾问题的关注，京津冀大气污染防治协调小组应主动争取更多的政治支持。另一方面，要继续扩大京津冀一体化治霾政策的关注度，将社会关注引入政策环节，转化为政策执行的推动力量，当然也要避免外部的过度关注带来的负面效应，防止批判性意见对大气污染防治政策的执行形成巨大阻力，导致政策过程陷入更加封闭的过程，甚至导致部分政策的终止。

将长期政策目标分解为一个个短期执行目标。考虑到大气污染治理的复杂性和现实条件的限制，京津冀大气污染防治政策的执行是一个长期的过程，政策执行目标和执行过程缺乏一致性，也就无法通过科学的激励机制对执行目标进行有效的考核。因此，京津冀大气污染防治政策的执行必须解决目标模糊性这个问题，否则各个政策执行主体有着机会主义行为的制度空间就有可能卸责。根据“APEC 蓝”的治理经验，应当将政策目标充分分解，并把长期政策目标转换成短期目标，通过对短期目标的政策执行情况进行评估和反馈，对有关情况进行整体控制和调节，从而不断地、动态地调整政策执行过程，对执行目标实现渐进式的完成。

创新政策工具，增加来自市场和社会层面的政策工具。中国现阶段大气污染防治政策的执行主要依靠科层官僚组织及行政命令性政策工具，其效果和可持续性都比较低。以污染税费为主要代表的市场型工具的灵活应用不足，处罚标准引起了很多争议，不能有效改善污染行为。而社会参与性政策工具应用较少，没有发挥其应有的作用。因此，在京津冀一体化治霾的政策过程中，应当引入市场和社会的力量，不断培养和发展新型的政策执行工具，让来自政府、市场和社会三个层面的政策工具相互补充，增强政策执行的持续性和有效性，在一个长期的过程中提升市场主体和社会主体的政策执行意愿和能力。

注重区域利益调节，加强制度性激励和控制。京津冀大气污染治理与区域一体化进程交织，具有重大外部机遇，但也面临着很多制度性阻力，主要表现为区域内部的利益调节问题和官僚体制内部的激励和控制问题。目前在大气污染防治工作逐渐走向一体化合作的过程中，依然面临着区域利益博弈、利益失衡、地方政府能力不足、企业配合意愿低等问题，现有的组织机构和体制无法从根本上调节跨区域、多层级、多部门的复杂的利益关系。因此，应当继续从区域利益补偿转移、中央和地方责任关系、地方政府绩效考核以及产业转型升级优化政策等方面着手，构建起系统化的长效激励机制，既要提升利益相关者参与大气污染防治政策执行的意愿，又要提升它们的政策执行能力。

加强宣传教育，提升社会公众的参与意愿，拓宽参与渠道。社会公众的日常生活和出行方式也会制造出大量的污染，是大气污染治理过程中不可忽视的规制对象，因此需要加强环保宣传和教育，提高社会公众的环境意识、环境价值认知，改变其生活方式。事实上，一些大气污染防治知识宣传已开始发挥作用，但社会公众的整体参与度仍然不高。如何调动社会公众对政策执行过程的参与意愿、拓宽参与渠道是未来政策执行必须考虑的方面，在访谈中，不少居民表示不知道如何参与大气污染防治，一些社会组织也表示目前缺乏直接参与大气污染防治政策执行过程的渠道。

第四节　本章小结

本章以京津冀一体化治霾的政策执行过程为例，运用情境与行动者分析框架，结合第五章相关研究结论对案例进行了深度剖析，对政策执行的外部环境、目标锁定、制度系统及其对行动者的影响机理进行了综合分析。同时也指出了这种政策执行需要解决来自经济发展水平，政策执行目标模糊性、冲突性，政策工具选择以及公众和社会力量参与等方面的问题，最后提出了改进政策执行的政策建议。

第七章

主要研究结论与展望

第一节　研究结论

大气污染治理是当下中国的热点问题，学者们分别从政治学、社会学、法学、经济学等不同的学科进行了有益的探讨。本书选取公共管理的学科视角，从公共政策的角度切入研究，构建了分析政策执行的情境与行动者分析框架。然后，通过文献综述和理论建构，提出了影响大气污染防治政策有效执行的20个因素，整合为EGSA概念性分析模型，并通过问卷调查收集数据，对该模型进行了验证和修改，构建了多种因素对政策执行的影响路径，并以京津冀一体化治霾的案例为依托，详细阐述了不同因素和潜变量对政策执行过程的作用机理，进一步验证了分析模型。具体而言，本书的主要研究成果如下。

一　大气污染防治政策执行分类

传统的政策执行研究力争穷尽所有的影响因素，导致研究变量爆炸式膨胀，但研究结果却不尽如人意，很难得到公认。本书通过案例整理和比较，发现大气污染防治政策有不同的分类方法，不同类别的政策在执行过程中差异性明显，因此在政策执行研究中引入分类方法是化繁为简、提纲挈领的关键一步，在其他领域研究中也有重要作用。

本书首先梳理了理论界常见的政策执行分类模型如马特兰德的模糊—冲突模型、洛伊的政策执行分类等。本书以模糊—冲突模型为基础，选取了污染企业搬迁、京津风沙源治理、北京“APEC蓝”和京津冀一体化治霾四个案例，分别作为行政性执行、象征性执行、政治性执行和实验性执行的代表，通过对比分析不同类别政策执行的过程和特点，总结出影响不同类别政策执行的重要因素及作用过程。

北京污染企业外迁是行政性执行的典型案例。污染企业搬迁的政策目标和政策手段清晰度高、冲突性较小，因而强大的行政组织能够将政策目标有效分解。因此，只要保证资源充足，并进行充分的激励和控制，政策就能够得到有效执行。北京市以及中央政府为了实现短期性目标，通过充足的资源供给和强力的行政手段等政策措施，能够在短时期内实现污染企业搬迁政策的目标。但是，这种强资源供给和强行政手段缺乏内在的可持续，未能考虑到区域均衡、经济发展等客观情况，多种利益关系未能在政策执行中得到很好的平衡，政策执行冲突在长期仍然存在。

京津风沙源治理具有象征性执行的诸多特点。京津冀风沙源治理涉及多个层级的地方政府，因而政策执行过程涉及面非常广泛，这迫使政策制定者倾向于用模糊的政策来缓解冲突，也给微观执行过程中的地方政府和目标群体带来活动空间，因而，宏大的政策体系能否适应地方环境，政策执行参与者的态度、利益和关系成为政策执行的关键。但是，与京津冀大气污染一体化防治一样，风沙治理必须解决区域合作和地方性政策执行主体的意愿，否则政策执行的目标就会落空。因此，在京津风沙防治过程中，如果政策能够给予参与者充足的激励，就能够得到支持并有效执行；相反，如果政策目标模糊且激励和控制不足，就很容易导致选择性执行甚至是全面的政策执行失败。

北京“APEC 蓝”是典型的政治性执行。在 APEC 会议期间，良好的空气质量具有显著的政治需求，且大气污染防治政策执行短期目标变得十分明确，地方性政策执行主体面临较大压力。因此，这一类型的大气污染防治政策执行的内部冲突性较高，但执行目标却是清晰的。为了平衡这种政策执行的冲突，处于较高层级的政策主体凭借强大的威权力量将目标分解，并能够用监督、激励等多种控制手段对政策执行全过程干预，再加上社会参与和监督，使得政策推动者有足够的力量和资源保证政策的有效实施。因此，该时间内的大气污染防治政策执行直接带来了“APEC 蓝”，但由于缺乏政策执行的持续性，多方利益不可能在短期内弥合，客观的现实困境也不可能在短期内解决，大气污染也不可能通过政治性政策执行得到解决。

京津冀一体化治霾则是实验性执行的案例。京津冀一体化治理大气污染着眼于长期，在中央政府的高度支持下，政策执行能够给各方带来好处，支持的呼声较大，冲突性相对较低。但是，与京津风沙源治理一样，政策执行一旦进入一个长期状态，由于污染治理的公共属性，政策执行的目标和手段都将变得不清晰，政策执行结果也就不明晰。当政策执行过程受到外部环境、目标、制度系统和行动者等多种力量多种组合因素影响时，政策执行面临着极为不确定的结果。如果政策环境有利，政策目标得到有效分解，制度系统随之调整，行动者得到充分调动，则政策执行结果较好。反之，如果政策环境不利，政策目标难以精确划分，制度和组织系统改革阻力大，行动者难以有效动员，或缺乏积极有效干预路径，则政策结果不容乐观。因此，京津冀一体化治霾一开始就着眼于区域利益协调、央地关系和责任、地方政府激励机制设计等方面内容，目的就是在政策执行目标模糊和环境多变的情况下，构建起长效化的政策执行机制。

二 大气污染防治政策有效执行的 EGSA 概念模型

政策执行研究的分析视角和理论纷繁多样，本书以制度—行动者理论为基础，结合其他研究文献和理论方法，在制度系统和行动者系统之外，加入政策文本的考量因素即政策的环境支持度、政策目标锁定，形成本研究的理论分析框架 EGSA，即环境支持度—目标锁定—制度系统—行动者行为。大气污染防治政策能否有效执行取决于政策自身的环境支持度、政策目标的锁定状况、制度激励和控制系统以及各参与行动者的行为，本书将这四个因素纳为影响政策执行结构方程模型的潜变量，而每个潜变量又可以分解为多个可测变量。

政策的环境支持度是政策执行成败的首要前提。政策执行起始于政策制定，大气污染防治政策是否符合中央政府的发展需要与战略规划，中央的政策是否符合地方的政治、经济、文化环境，政府制定的政策是否得到了国内外社会舆论的支持和理解，是政策能否有效执行的关键因素。因此，在结构方程模型中，本书将政策的环境支持度分解为政府政治需要和发展战略、地方经济发展水平、国内外社会关注度三个方面作为可测变量进行度量。经过数据处理发现，这三个因素中，政府的政治需要和发展战略是政策环境支持度的主要方面，具体为在中央表现为政治发展规划和对大气环境保护的战略定位，在地方则表现为政府硬目标的制定。此外，地方经济发展水平和国内外社会关注度也是环境支持度的重要构件。

政策目标锁定是政策执行的基础。根据马特兰德的模糊—冲突模型，政策目标的冲突性、政策目标和手段的模糊性能够对政策执行效果产生重要影响。虽然也有学者认为政策的模糊性有一定的积极作用，政策文本中模糊性的语言能够消解部分冲突，使得政策执行者做出有利于自己的解读，在某种情况下，模糊的环境政策本身并非为了更好的执行，而只是对国内外社会关注的回应，从而争取更多的社会信任和合法性支持，因而在政策制定之初就被定位为象征性政策。因而，政策文本在目标和手段的冲突性、模糊性和象征性成为影响政策执行效果的基础。本书将目标的清晰性、目标的冲突性和政策工具的选择纳为潜变量政策目标锁定的具体可测变量，数据的结构方程模型处理结果也验证了这一假设。其中，目标的清晰性的影响路径系数尤其显著，而目标的冲突性和政策工具的影响相对较小，这或许是因为大气污染防治政策目标的冲突性程度普遍较高，而政策执行过程中自主选择政策工具的空间有限，削弱了目标冲突性和政策工具的影响力。

制度系统是政策有效执行的关键。制度分析是中国政策执行研究的主流框架，中央与地方的关系、中央对地方的激励与控制、中央与地方的权责划分是学者们的主要着眼点，也可以统称为集权—分权分析框架。其中主要的变量因子有央地权力大小、中央对地方的考核机制、官员选拔机制、中央与地方的权力责任分割等，也有学者在考察上下关系之余，关注到官僚组织内部条块分割的功能和局限性，以及官僚组织消解社会问题的失效，从政府组织机构功能的内外变迁角度进行了探索。基于此，本书将制度系统分解为政府威权程度、央地权责划分、中央对地方的激励控制机制和跨域合作机制四个层面。数据检验结果也支持了这一假设，并发现制度系统是影响政策执行效果的关键，其影响路径系数要远远超过其他变量，尤其是中央对地方的激励控制机制和跨域合作机制，这也成为制度完善的关键路径，具有重要的政策启示意义。

行动者的动员和能力提升是促进政策有效执行的有效路径。本书的理论分析框架以制度—行动者为基础，扩充为 EGSA 概念模型，两个分析模型都把行动者作为影响政策执行的自变量，也是影响政策执行的核心变量。现有政策执行研究认为行动者是政策执行的主体，且主要聚焦于行政系统内部的官员较少关注，本书将规制对象的污染企业、利益相关者和社会公众都纳入行动者分析范畴。本书认为行政系统、规制对象和社会公众都具有不可忽视的主观能动性，能够对政策执行过程产生显著影响，这也符合环境治理的民主化发展趋势。数据检验结果支持了这一假设，行政系统、规制对象和社会公众能够通过多种路径影响政策执行，然而，研究也发现规制对象能够通过“关系”等方式阻碍政策执行，社会公众的作用却相对较小，这也暴露了环境治理中民主化程度相对较低，公民社会参与政策过程、监督政策实施的途径较少，这也是政策改进的方向。

三 大气污染防治政策有效执行因子作用路径：情境与行动者

在政策分类和 EGSA 概念模型分析的基础上，本书通过收集数据和对数据的结构模型进行检验，修正了模型，并揭示了大气污染防治政策有效执行的影响因素及其作用路径，可以分为直接作用路径和间接作用路径两类。

直接作用路径有四条，分别是：(1) 政策环境支持度→政策执行；(2) 政策目标锁定→政策执行；(3) 制度系统→政策执行；(4) 行动者行为→政策执行。这四条路径即 EGSA 模型的基本内容，环境支持度、目标锁定、制度系统和行动者行为作为潜变量单独影响政策执行系统，四条影响路径的标准化路径系数分别为 0.857、0.352、0.717、0.580，这也验证了 EGSA 四个潜变量对政策执行影响的显著性，这四条路径的完善成为提升政策执行效果的重要方法。

间接作用路径有三条，分别是：(1) 政策环境支持度→行动者行为→政策执行；(2) 政策目标锁定→行动者行为→政策执行；

（3）制度系统→行动者行为→政策执行。政策的环境支持度、目标锁定和制度系统成为影响行动者行为的调节变量，而行动者行为是直接影响政策执行的自变量，调节变量能够作为外生变量影响行动者行为，进而影响政策执行过程和结果。

行动者行为成为影响政策执行的核心要素，这也揭示了人在政策执行过程中的主体地位。虽然直接作用路径中有三条路径撇开行动者直接测量多项因子对政策执行结果的影响，但是直接作用路径与间接作用路径相互交织，这种直接作用路径测量事实上未必能够绕过行动者独立产生作用。可以肯定的是，政策环境、政策目标和制度系统是行动者行为选择的情境，行动者作为模型的核心构成，会根据多种情境性因素调整行为逻辑和行为选择，从而对政策执行结果产生重大影响。因此，情境的改变和行动者行为意愿、能力的提升是改善政策执行结果的有效方法。

除此之外，结构方程模型研究还发现政策的环境支持度、目标锁定和制度系统之间存在某种关联。可以理解为其内涵具有一定的交叉，如政策的环境支持度高，则也表明政策目标的冲突性相对较小，政策工具选用恰当；而政策目标的锁定有利于制度系统发挥最大的组织能力，将政策目标落实；同时，随着时间的演进，制度系统会经历变迁和调整，甚至是大刀阔斧的改革，也必然带来政策制定能力的提升，在制定过程中就能够充分考虑环境支持度，并将政策目标在组织体系中良好分解，通过纵向传递和横向合作实现既定政策目标。

四 大气污染防治政策有效执行的政策建议

本书通过构建政策分析模型和数据检验，揭示了影响大气污染防治政策有效执行的影响因素，并深入了解了各因素作用于大气污染防治政策执行过程和结果的路径，在此过程中得出一系列结论能够为促进大气污染防治政策有效执行提供有益的理论指导，具体体现为以下几点。

（1）政策制定应充分考虑外部环境

政策执行起始于政策制定，良好的政策执行需要有科学、合理的政策制定。在实践过程中，中央政策不能适应地方环境或者政策的认同感较低，则必然影响政策的支持度，也会加大政策执行阻力。而地方性大气污染防治政策如果能够得到中央政府的关注和支持，就能给政策执行提供自上而下的权威，有利于政策推进。因此，大气污染防治政策的制定应当结合国家战略和发展规划，充分考虑地区经济发展水平和能力，同时关注社会热点和呼声，才能够为政策的执行提供更多的政治支持、经济支持和社会支持。

（2）政策传达应强调目标清晰

科层体系内部人员众多、部门利益分割，政策目标模糊会导致对政策的错误理解甚至是故意曲解。因而政策目标的清晰传递与分解是避免政策变异，减少污染企业讨价还价或地方政府包庇污染的重要一步。大气污染防治政策的目标应以具体数据呈现，并与大气质量监控相结合，这也是提高政策执行过程控制的首要前提。

（3）制度化激励和控制是大气污染防治政策执行的关键

制度化激励和控制是保证政策执行的关键路径。地方考核和官员晋升的政治激励能够显著提升地方官员对大气污染防治政策执行的重视程度，对污染企业更新设备、降低污染的经济激励也能够降低企业治污成本，提升企业治污意愿。在正向激励的同时，制度化的监督和控制机制能够防止在执行大气污染防治政策过程中出现偏差，而制度体系的不断完善，如央地权责划分、合作机制的建立也是未来大气污染防治政策执行的关键进程。

（4）教育和宣传是推动大气污染防治政策执行的有效方法

行动者系统作为大气污染防治政策执行过程中的核心环节，会对政策执行效果产生直接影响。而行动者系统中执行或者配合执行政策的意愿就显得十分重要。具体而言，对于行政系统来说，地方政府的发展理念、官员的环保意识不同，其对待大气污染防治政策的态度就不同。传统的发展理念下，大气污染防治政策沦为经济发展的附属，是地方事务中的“软任务”，得不到有效重视。而新型的绿色发展理念则认为环境治理与经济发展同等重要，都是关系民生的重要举措，而且，环境治理也能够带来经济发展的新契机，成为新的经济发展点。同样，企业和个体的环保意识也会对环保行为产生直接影响。因此，通过环境教育和宣传的方式促使全社会树立绿色发展观念和环保意识，成为激发环保行为、推动大气污染防治政策执行的有效方法。

（5）构建大气污染防治政策制定和执行的社会参与路径

尽管行动者是大气污染防治政策执行的核心环节，然而，除了行政系统之外，企业和社会公众大都缺乏影响大气污染防治政策制定和执行的能力。企业的诉求无法通过有效路径反馈到政策制定过程中，可能降低政策的适应性。部分企业甚至通过非正常手段维护自己的利益，如寻求地方政府的庇护、技术作弊等，这也反映了大气污染防治政策在执行过程中监管控制的不足。而社会公众作为大气污染的受害者，同时也是生活型大气污染的制造者，具有十分强大的监督能力和治污防污能力，将社会公众的参与热情和能力调动起来，成为促进大气污染防治政策执行的捷径。而在调查中也发现，社会公众普遍缺乏制度化参与路径，对政策过程的影响力较小，这成为大气污染防治政策进一步完善的可行路径。

第二节　研究的创新点

目前，学术界对大气污染防治政策执行的实证研究相对较少，本书以多个案例的探索性分析为基础，不仅仅注重对经验的归纳总结和现象解释，还通过较为规范的理论研究、问卷调查、结构方程模型和统计分析相结合的方法加以验证，并在以下方面有所创新。

（1）提出情境与行动者分析框架，是对政策执行研究框架的理论发展。政策执行的线性研究关注影响政策执行的不同阶段，政策执行的块状研究关注影响政策执行的不同模块，场域理论、制度行动者理论、模糊—冲突模型和地方官员激励理论都以政策过程中行动者的行为及变动作为研究核心。因此本书选择将“行动者”作为影响大气污染防治政策执行的研究核心，并结合上述理论模型及政策阶段梳理探索影响行动者行为选择的“情境”构件，通过理论阐释、实证检验、案例应用深入剖析不同的情境建构下，对行动者行为选择所造成的影响及改进路径。情境与行动者分析框架实现了政策执行研究框架的理论发展，将政策执行的静态研究转化为动态研究，政策执行成为一个不断变化的自适应过程，而不是简单的输入—输出过程。这个发现有利于理解各种相似条件下政策执行差异的产生，也能够为改进大气污染防治政策的执行、治理大气污染提供全方位的政策建议。

（2）提出 EGSA 概念性分析模型，挖掘了执行大气污染防治政策的关键性影响因素并对其关系进行结构化构建。经过充分的文献梳理、多案例探索性研究，提出了执行大气污染防治政策的关键阶段和重要因子，经过理论化整合，形成了分析大气污染防治政策执行的 EGSA 概念性模型。EGSA 模型是对情境与行动者分析框架的进一步细化，指出大气污染防治政策有效执行受到政策环境支持度、政策目标锁定状况、制度系统的激励和控制、行动者行为这四个方面的共同影响。并将这四个方面作为潜变量，分解为 20 个可测变量，通过问卷发放收集数据，并采用结构方程模型检验证实了这一理论模型的存在性和有效性。之后又通过典型案例，对 EGSA

模型的构成、情境的变化及其对行动者行为的影响机理进行了应用性分析，深化了研究结论。情境与行动者的分析框架和 EGSA 概念性模型融合了政策执行分析的诸多理论和框架，提高了政策执行研究的包容性，因此可以说总结和补充了政策执行研究，实现了理论研究的扩展和深化。

（3）运用分类思想，将探索性案例研究与验证性案例研究相结合。基于分类思想，对不同类别的政策执行案例开展比较分析。在模型构建模糊的情况下，通过对多个案例开展探索性研究，梳理案例过程和阶段，提出了影响大气污染防治政策执行的 EGSA 概念模型。在对概念模型进行理论阐述和数据检验之后，又借助典型案例，开展了验证性案例研究，深化和拓展了数据分析结论。两种案例研究方法相结合，对多种类型的政策执行模式进行充分检验，最终结论也表明，不同类型的政策执行模式受到不同因素的影响，在政策实践中应当区别对待。因此，分类思想的应用和多种案例分析方法相结合，能够将大气污染防治政策的执行问题“化繁为简”，提高研究的针对性和实践适用性。研究过程和方法的可靠性保证了研究结论的可靠性。

（4）研究对象和结论的创新：对社会热点、难点问题予以回应，并提出了系统的政策执行改进建议。本书的问题意识来源于大气污染严峻的社会现实，选取公共政策和政策执行作为研究的切入点，是对社会热点、难点问题的理论回应，也弥补了政策执行研究具体到中国大气污染防治政策执行领域的研究盲区，具有十分重大的现实意义和理论意义。本书基于情境与行动者分析框架以及 EGSA 概念性分析模型，并通过多案例比较分析、收集数据、模型处理等过程对 EGSA 进行了检验，并揭示了影响政策执行的路径，提出了系统的改进政策执行的建议。大气污染防治政策的有效执行需要以行政系统、规制对象和社会公众作为核心，通过营造支持型政策政治、经济和社会环境；促进目标清晰分解，减少目标冲突，选择和创新有效的政策工具；注入自上而下的政府威权、调整央地责任关系、重构激励和控制机制等，改变政策“情境”，进而改变行动者的行为策略，促使其作出有利于政策执行的行为选择。由此，本书提出了更为系统、更具操作性的大气污染防治政策有效执行的改进建议。

第三节　不足与展望

一　研究不足

本书从多案例探索性分析出发，提出了影响大气污染防治政策执行的理论模型，并通过收集数据和数据检验，得出了影响大气污染防治政策执行的影响因子和影响路径，研究结果在京津冀一体化治霾的案例中具有较好的适用性，能够为改善中国大气污染防治政策的执行提供良好的启示。然而，因为研究时间、精力、资源的有限性，研究过程还存在一些不足。

（一）案例的数量和代表性

本研究以模糊—冲突模型为基础，立足于京津冀区域，选取了四个典型案例展开分析，但是，一方面，四个案例数量相对较少，且只是立足于京津冀地区的政策实践，对其他地区和其他国家的情况考虑较少；另一方面，以模糊—冲突模型为基础的分类方法只有行政性、象征性、政治性和实验性四种典型案例，并将京津冀地区的四次政策实践分别作为代表，但实际上，每种政策过程都十分复杂，融合了多种特点。案例的数量、种类、代表性和丰富程度还有待提高，案例选取不同对政策执行研究的不同影响还有待对比分析。

（二）模型建构问题

本书在文献综述的基础上，结合多案例提出了理论分析模型

EGSA，试图将影响大气污染防治政策执行的影响因子更多纳入模型框架。尽管 EGSA 模型囊括了 4 个潜变量、22 个可测变量，但因为研究的有限性，不能做到穷尽，未免有所疏漏。尽管本书认为没有必要也不可能穷尽所有的影响因子，而是应该化繁为简，将影响因子结构化，并找出关键因子，但模型之外是否还有关键因子没有纳入分析，有待于更多的补充，一些已经发现的模型外因子如绿色技术等对于政策执行的作用则有待于进一步的检验。

（三）问卷方法和数据收集问题

本书主要通过调查问卷收集数据，虽然基本满足了研究需求，但是在问卷发放过程中主要是基于便利抽样方法获取数据，因此，抽样过程是否存在结构性偏差、问卷填写过程中对文字表达的理解误差都有可能对结果产生影响。囿于数据获得的有限性，可测变量之间的关系研究也不得不舍弃。此外，本书获取的数据是静态数据，且京津冀一体化治霾的案例正在进行中，能获取的信息有限，因而限制了本书的动态序列研究。

二　研究展望

综上所述，本书对中国大气污染防治政策有效执行的影响因素和作用机理进行了初步探析，取得了一些研究结果和政策建议。然而，中国的大气污染难题不止体现在政策执行领域，政策执行问题也不仅仅面临着大气污染防治政策执行的困境，这两个问题相互交织，给以后的研究提出了更多的要求。

首先，始终关注大气污染问题和更多社会现实问题。作为中国的学者，学术研究当立足中国国情，关注重大现实问题，致力于解决社会问题。社会问题为学术研究提供灵感，提供土壤，起于斯、兴于斯，大气污染问题或许有一天会得到解决，但更多的社会问题层出不穷，需要更多有真兴趣、做真学问的学者关注。

其次，更多关注政策执行问题。作为公共管理领域的学者，政策执行问题是最为重要的核心问题之一。政策执行与政治社会环境、政治组织体制、经济文化发展、社会理念与社会力量都密切相关。通过政策执行研究能够理解政治社会现状，通过对政治社会现状的把握能够推动政策执行。当下的政策执行研究理论视角繁多，政策过程常处在“黑箱”之中，因此，政策执行研究的推进，尤其是建立起科学、综合而又简明扼要的政策执行分析框架具有重要意义。

此外，研究过程的科学化、精准化至关重要。在研究中提出了本书的一些缺陷，这也为下一步促进科学、精准化研究打下基础。在案例研究中，应当扩大案例选取范围，将中外案例、多区域案例、不同种类的案例相结合，通过比较分析，提高分析结果的适用性。在数据收集过程中，则应充分利用身边资源，发放问卷应注意针对性，提高数据填写的质量和可靠性，同时，与访谈等方式相结合，补充和验证数据结果。如果开展模型研究，则应注意模型的概括性和包容性，尤其着重考察模型中潜变量和可测变量之间的关系，开展可测变量的细化研究，则是对本书的重要补充，也是后续研究的重要方向。

参考文献

中文部分：

蔡禾：《国家治理的有效性与合法性——对周雪光、冯仕政二文的再思考》，《开放时代》2012年第2期。

曹正汉、周杰：《社会风险与地方分权——中国食品安全监管实行地方分级管理的原因》，《社会学研究》2013年第1期。

崔晶、孙伟：《区域大气污染协同治理视角下的府际事权划分问题研究》，《中国行政管理》2014年第9期。

崔晶、宋红美：《城镇化进程中地方政府治理策略转换的逻辑》，《政治学研究》2015年第2期。

陈振明：《公共政策学：政策分析理论、方法和技术》，中国人民大学出版社2004年版。

陈建鹏、李佐军：《中国大气污染治理形势与存在问题及若干政策建议》，《发展研究》2013年第10期。

陈阳：《大众媒体、集体行动和当代中国的环境议题——以番禺垃圾焚烧发电厂事件为例》，《国际新闻界》2010年第7期。

陈魁、董海燕、郭胜华等：《我国环境空气质量标准与国外标准的比较》，《环境与可持续发展》2011年第1期。

陈潭、刘兴云：《锦标赛体制、晋升博弈与地方剧场政治》，《公共管理学报》2011年第8期。

陈健鹏:《温室气体减排政策:国际经验及对中国的启示——基于政策工具演进的视角》,《中国人口·资源与环境》2012 年第 9 期。

陈江:《环境污染有效治理的政策分析:美国学习型环境政策的解读与启示》,《中共杭州市委党校学报》2007 年第 5 期。

邓国营、徐舒、赵绍阳:《环境治理的经济价值:基于 CIC 方法的测度》,《世界经济》2012 年第 9 期。

邓玉萍、许和连:《外商直接投资、地方政府竞争与环境污染——基于财政分权视角的经验研究》,《中国人口·资源与环境》2013 年第 23 期。

董洁、李梦茹、孙若丹等:《我国空气质量标准执行现状与国外标准比较研究》,《环境与可持续发展》2015 年第 5 期。

董颖鑫:《从理想性到工具性:当代中国政治典型产生原因的多维分》,《浙江社会科学》2009 年第 5 期。

狄金华:《通过运动进行治理:乡镇基层政权的治理策略——对中国中部地区麦乡“植树造林”中心工作的个案研究》,《社会》2010 年第 3 期。

丁煌:《我国现阶段政策执行阻滞及其防治对策的制度分析》,《政治学研究》2002 年第 1 期。

丁煌、定明捷、吴湘玲:《“上有政策、下有对策”的博弈缘由探析》,《科技进步与对策》2004 年第 7 期。

丁煌、定明捷:《国外政策执行理论前沿评述》,《公共行政评论》2010 年第 1 期。

丁峰、李时蓓:《大气环境影响评价导则修订与对比分析》,《环境科学与技术》2011 年第 4 期。

范群林、邵云飞、唐小我:《环境政策、技术进步、市场结构对环境技术创新影响的实证研究》,《科研管理》2013 年第 6 期。

冯贵霞:《大气污染防治政策变迁与解释框架构建——基于政策网络的视角》,《中国行政管理》2014 年第 9 期。

冯仕政:《典型:一个政治社会学的研究》,《学海》2003 年第 3 期。

龚虹波:《执行结构—政策执行—执行结果——一个分析中国公共政策执行的理论框架》,《社会科学》2008 年第 3 期。

龚虹波:《中国公共政策执行的理论模型述评》,《教学与研究》2008 年第 3 期。

宫希魁:《地方政府公司化倾向及其治理》,《财经问题研究》2011 年第 4 期。

郭庆:《环境规制政策工具相对作用评价——以水污染治理为例》,《经济与管理评论》2014 年第 5 期。

郭咸纲:《西方管理思想史》,世界图书出版公司 2010 年版。

郭志仪、郑周胜:《财政分权、晋升激励与环境污染:基于 1997—2010 年省级面板数据分析》,《西南民族大学学报》2013 年第 3 期。

桂华:《项目制与农村公共品供给体制分析——以农地整治为例》,《政治学研究》2014 年第 4 期。

郝吉明:《穿越风雨 任重道远——大气污染防治 40 年回顾与展望》,《环境保护》2013 年第 14 期。

郝臣:《中小企业成长:政策环境与企业绩效——来自中国 23 个省市 309 家中小企业的经验数据》,《上海经济研究》2006 年第 11 期。

郝亮、王毅、苏利阳、秦海波:《基于倡导联盟视角的中国大气污染防治政策演变机理分析》,《中国地质大学学报》2016 年第 1 期。

杭颖:《大气污染控制技术及措施》,《化工管理》2015 年第 21 期。

韩国明、王鹤：《我国公共政策执行的示范方式失效分析——基于示范村建设个案的研究》，《中国行政管理》2012 年第 4 期。

贺东航：《从政策过程解读政治体系——基于中西的比较》，《马克思主义与现实》2015 年第 6 期。

贺璇、王冰：《京津冀大气污染治理模式演进：构建一种可持续合作机制》，《东北大学学报》2016 年第 1 期。

贺东航、孔繁斌：《公共政策执行的中国经验》，《中国社会科学》2011 年第 5 期。

何书申、赵兵涛、俞致远：《环境空气质量国家标准的演变与比较》，《中国环境监测》2014 年第 4 期。

洪大用：《中国城市居民的环境意识》，《江苏社会科学》2005 年第 1 期。

胡鞍钢、王亚华、鄢一龙：《“十五”计划实施情况评估报告》，《经济研究参考》2006 年第 2 期。

胡苑、郑少：《从威权管制到社会治理——关于修订〈大气污染防治法〉的几点思考》，《现代法学》2010 年第 6 期。

胡业飞、崔杨杨：《模糊政策的政策执行研究——以中国社会化养老政策为例》，《公共管理学报》2015 年第 2 期。

胡熠：《环境保护中政府与企业伙伴治理机制》，《行政论坛》2008 年第 4 期。

黄科：《运动式治理：基于国内研究文献的述评》，《中国行政管理》2013 年第 10 期。

黄菁、陈霜华：《环境污染治理与经济增长：模型与中国的经验研究》，《南开经济研究》2011 年第 1 期。

黄振辉：《多案例与单案例研究的差异与进路安排——理论探讨与实例分析》，《管理案例研究与评论》2010 年第 2 期。

侯璐璐、刘云刚：《公共设施选址的邻避效应及其公众参与模式研究——以广州市番禺区垃圾焚烧厂选址事件为例》,《城市规划学刊》2014 年第 5 期。
姜林:《环境政策的综合影响评价模型系统及应用》,《环境科学》2006 年第 5 期。
柯高峰:《环境政策分析的理论体系及其启发意义》,《湖北行政学院学报》2012 年第 4 期。
柯坚:《环境行政管制困局的立法破解——以新修订的〈环境保护法〉为中心的解读》,《西南民族大学学报》2015 年第 5 期。
邝艳华、叶林、张俊:《政策议程与媒体议程关系研究——基于 1982 至 2006 年农业政策和媒体报道的实证分析》,《公共管理学报》2015 年第 4 期。
蓝庆新、陈超凡:《制度软化、公众认同对大气污染治理效率的影响》,《中国人口·资源与环境》2015 年第 9 期。
李瑞昌:《关系、结构与利益表达——政策制定和治理过程中的网络范式》,《复旦学报》2004 年第 6 期。
李聪、于洋:《公共环境政策执行阻滞的经济分析——以“限塑令”政策为例》,《经济研究》2011 年第 4 期。
李侃如、李继龙:《中国的政府管理体制及其对环境政策执行的影响》,《经济社会体制比较》2011 年第 2 期。
李斌:《政治动员与社会革命背景下的现代国家构建——基于中国经验的研究》,《浙江社会科学》2010 年第 4 期。
李勇军:《推进与响应:1949—1978 年政策执行模式研究》,《云南行政学院学报》2012 年第 2 期。
李后建:《腐败会损害环境政策执行质量吗》,《中南财经政法大学学报》2013 年第 6 期。
李全生:《布迪厄场域理论简析》,《烟台大学学报》(哲学社会科学版)2002 年第 2 期。

李雪松、孙博文：《大气污染治理的经济属性及政策演进：一个分析框架》，《改革》2014 年第 4 期。

梁平汉、高楠：《人事变更、法制环境和地方环境污染》，《管理世界》2014 年第 6 期。

李艳芳：《公众参与和完善大气污染防治法律制度》，《中国行政管理》2005 年第 3 期。

李元珍：《央地关系视阈下的软政策执行——基于成都市 L 区土地增减挂钩试点政策的实践分析》，《公共管理学报》2013 年第 3 期。

李军杰：《经济转型中的地方政府经济行为变异分析》，《中国工业经济》2005 年第 1 期。

李孔珍、洪成文：《教育政策模型的比较研究——政策主体和政策环境的视角》，《比较教育研究》2006 年第 6 期。

李永友、沈坤荣：《我国污染控制政策的减排效果——基于省级工业污染数据的实证分析》，《管理世界》2008 年第 7 期。

李文钊：《环境管理体制演进轨迹及其新型设计》，《改革》2015 年第 4 期。

林伯强、邹楚沅：《发展阶段变迁与中国环境政策选择》，《中国社会科学》2014 年第 5 期。

刘云、叶选挺、杨芳娟等：《中国国家创新体系国际化政策概念、分类及演进特征——基于政策文本的量化分析》，《管理世界》2014 年第 12 期。

刘林平、万向东：《论“树典型”——对一种计划经济体制下政府行为模式的社会学研究》，《中山大学学报》2000 年第 3 期。

刘向阳：《20 世纪中期英国空气污染治理的内在张力分析——环境、政治与利益博弈》，《史林》2010 年第 3 期。

刘炯：《生态转移支付对地方政府环境治理的激励效应——基于东

部六省46个地级市的经验证据》，《财经研究》2015年第2期。
刘源远、孙玉涛、刘凤朝：《中国工业化条件下环境治理模式的实证研究》，《中国人口·资源与环境》2008年第4期。
刘鹏、刘志鹏：《街头官僚政策变通执行的类型及其解释——基于对H县食品安全监管执法的案例研究》，《中国行政管理》2014年第5期。
吕阳：《行动者与制度效度：以文本结构为中介的分析——以全国人大预算审查为研究对象》，《经济社会体制比较》2006年第5期。
吕阳：《欧盟国家控制固定点源大气污染的政策工具及启示》，《中国行政管理》2013年第9期。
马伊里：《有组织的无序合作困境的复杂生成机理》，《社会科学》2007年第1期。
毛基业、张霞：《案例研究方法的规范性及现状评估——中国企业管理案例论坛（2007）综述》，《管理世界》2008年第4期。
倪星、原超：《地方政府的运动式治理是如何走向“常规化”的——基于S市市监局“清无”专项行动的分析》，《公共行政评论》2014年第2期。
秦颖、徐光：《环境政策工具的变迁及其发展趋势探讨》，《改革与战略》2007年第12期。
渠敬东：《项目制：一种新的国家治理体制》，《中国社会科学》2012年第5期。
渠敬东、周飞舟等：《从总体支配到技术治理——基于中国30年改革经验的社会学分析》，《中国社会科学》2009年第6期。
冉冉：《中国地方环境政治：政策与执行之间的距离》，中央编译出版社2015年版。
冉冉：《道德激励、纪律惩戒与地方环境政策的执行困境》，《经济社会体制比较》2015 年第 2 期。
冉冉:《“压力型体制”下的政治激励与地方环境治理》,《经济社会体制比较》2013 年第 3 期。
冉冉:《中国环境政治中的政策框架特征与执行偏差》,《教学与研究》2014 年第 5 期。
史卫民:《政治参与蓝皮书》,社会科学文献出版社 2012 年版。
石国亮、王玲雪:《青年社会组织发展的政策环境与政策建议》,《中国青年研究》2015 年第 2 期。
唐皇凤:《常态社会与运动式治理——中国社会治安治理中的“严打”政策研究》,《开放时代》2007 年第 3 期。
苏敬勤、崔淼:《探索性与验证性案例研究访谈问题设计:理论与案例》,《管理学报》2012 年第 10 期。
沈坤荣、付文林:《中国的财政分权制度与地区经济增长》,《管理世界》2005 年第 1 期。
孙伟增、罗党论、郑思齐等:《环保考核、地方官员晋升与环境治理——基于 2004—2009 年中国 86 个重点城市的经验证据》,《清华大学学报》2014 年第 4 期。
涂端午、魏巍:《什么是好的教育政策》,《教育研究》2014 年第 1 期。
涂端午:《教育政策文本分析及其应用》,《复旦教育论坛》2009 年第 5 期。
汪伟全:《空气污染的跨域合作治理研究——以北京地区为例》,《公共管理学报》2014 年第 1 期。
王冰、贺璇:《中国城市大气污染治理概论》,《城市问题》2014 年第 12 期。
王宗爽、武婷、车飞等:《中外环境空气质量标准比较》,《环境科学研究》2010 年第 3 期。

王书斌、徐盈之:《环境规制与雾霾脱钩效应——基于企业投资偏好的视角》,《中国工业经济》2015年第4期。

王礼鑫、朱勤军:《政策过程的研究途径与当代中国政策过程研究——从政策科学本体论、认识论、方法论出发》,《人文杂志》2007年第6期。

王绍光:《中国公共政策议程设置的模式》,《中国社会科学》2006年第5期。

王绍光、胡鞍钢:《中国国家能力报告》,辽宁人民出版社1993年版。

王琳媛:《新媒体发展与政治舆论环境治理——以微博的政治影响为例》,《毛泽东邓小平理论研究》2013年第7期。

王礼鑫:《动员式政策执行的“兴奋剂效应”》,《武汉大学学报》2015年第68期。

王曦、卢锟:《规范和制约有关环境的政府行为:理论思考和制度设计》,《上海交通大学学报》2014年第2期。

王亚华:《中国用水户协会改革:政策执行视角的审视》,《管理世界》2013年第6期。

王丽萍:《比较政治研究中的案例、方法与策略》,《北京大学学报》2013年第6期。

王惠娜:《区域合作困境及其缓解途径——以深莞惠界河治理为例》,《中国行政管理》2014年第1期。

王惠娜:《自愿性环境政策工具在中国情境下能否有效?》,《中国人口·资源与环境》2010年第9期。

王惠娜:《区域环境治理中的新政策工具》,《学术研究》2012年第1期。

王霞、徐晓东、王宸:《公共压力、社会声誉、内部治理与企业环境信息披露——来自中国制造业上市公司的证据》,《南开管理评论》2013 年第 2 期。
王蔚：《改革开放以来中国环境治理的理念、体制和政策》，《当代世界与社会主义》2011 年第 4 期。
魏姝：《政策类型与政策执行：基于多案例比较的实证研究》，《南京社会科学》2012 年第 5 期。
魏淑艳：《中国的精英决策模式及发展趋势》，《公共管理学报》2006 年第 3 期。
韦伯：《经济与社会》，上海人民出版社 2010 年版。
吴卫星：《我国环境权理论研究三十年之回顾、反思与前瞻》，《法学评论》2014 年第 5 期。
吴木銮：《我国政策执行中的目标扭曲研究——对我国四次公务员工资改革的考察》，《公共管理学报》2009 年第 3 期。
邢斐、何欢浪：《贸易自由化、纵向关联市场与战略性环境政策——环境税对发展绿色贸易的意义》，《经济研究》2011 年第 5 期。
许士春、何正霞、龙如银：《环境政策工具比较：基于企业减排的视角》，《系统工程理论与实践》2012 年第 11 期。
解学梅、霍佳阁、臧志彭：《环境治理效率与制造业产值的计量经济分析》，《中国人口·资源与环境》2015 年第 2 期。
谢宝剑、陈瑞莲：《国家治理视野下的大气污染区域联动防治体系研究——以京津冀为例》，《中国行政管理》2014 年第 9 期。
薛立强、杨书文：《论中国政策执行模式的特征——以“十一五”期间成功关停小火电为例》，《公共管理学报》2011 年第 4 期。
许建飞：《浅析 20 世纪英国大气环境保护立法研究——以治理伦敦烟雾污染为例》，《法制与社会》2014 年第 13 期。
熊万胜：《市场里的差序格局——对我国粮食购销市场秩序的本土化说明》，《社会学研究》2011 年第 5 期。

闫国东、康建成、谢小进等：《中国公众环境意识的变化趋势》，《中国人口·资源与环境》2010 年第 10 期。

杨雪冬：《压力型体制：一个概念的简明史》，《社会科学》2012 年第 11 期。

杨正联：《政策动员及其当代中国向度》，《人文杂志》2008 年第 3 期。

杨海生、陈少凌、周永章：《地方政府竞争与环境政策——来自中国省份数据的证据》，《南方经济》2008 年第 6 期。

杨吉林：《京津风沙源治理工程管理机制的探讨》，《内蒙古林业调查设计》2014 年第 2 期。

杨鲁慧：《环境外交中的国家意志与公共政策协调》，《世界经济与政治》2010 年第 6 期。

杨冉冉、龙如银：《基于扎根理论的城市居民绿色出行行为影响因素理论模型探讨》，《武汉大学学报》2014 年第 5 期。

姚华、耿敬：《政策执行与行动者的策略——2003 年上海市居委会直接选举的个案研究》，北京大学出版社 2010 年版。

姚荣：《府际关系视角下我国基层政府环境政策的执行异化——基于江苏省 S 镇的实证研究》，《经济体制改革》2013 年第 4 期。

印子：《低保政策实践偏差形成变量的两种类型——兼评公共政策执行“农民参与”理论》，《中共宁波市委党校学报》2014 年第 1 期。

印子：《治理消解行政：对国家政策执行偏差的一种解释——基于豫南 G 镇低保政策的实践分析》，《南京农业大学学报》2014 年第 3 期。

叶敏、熊万胜：《“示范”：中国式政策执行的一种核心机制——以 XZ 区的新农村建设过程为例》，《公共管理学报》2013 年第 4 期。

于文超：《环境规制的影响因素及其经济效应研究》，西南财经大学出版社 2014 年版。

余红伟：《政府财政投入对区域食品安全状况的影响研究——基于 2007—2012 年中国省级面板数据的分析》，《宏观质量研究》2014 年第 4 期。

赵德余：《政策共同体、政策响应与政策工具的选择性使用——中国校园公共安全事件的经验》，《公共行政评论》2012 年第 3 期。

赵新峰、袁宗威：《京津冀区域政府间大气污染治理政策协调问题研究》，《中国行政管理》2014 年第 11 期。

赵曙明、李乾文、张戌凡：《创新性核心科技人才培养与政策环境研究——基于江苏省 625 份问卷的实证分析》，《南京大学学报》2012 年第 3 期。

张庆丰、[美] 罗伯特·克鲁克斯：《迈向环境可持续的未来——中华人民共和国国家环境分析》，迈向环境可持续的未来翻译组译，中国财政经济出版社 2012 年版。

张全：《以第三方治理为方向加快推进环境治理机制改革》，《环境保护》2014 年第 20 期。

张琦、吕敏康：《政府预算公开中媒体问责有效吗?》，《管理世界》2015 年第 6 期。

张晓：《中国环境政策的总体评价》，《中国社会科学》1999 年第 3 期。

张颖、舒相军：《排污权交易政策的评价标准研究》，《科技进步与对策》2006 年第 4 期。

张玉林：《危机、危机意识与共识——"雾霾"笼罩下的中国环境问题》，《浙江社会科学》2014 年第 1 期。

张玉林：《社会科学领域的中国环境问题研究》，《浙江学刊》2008 年第 4 期。

张开平：《论社会环境对政策执行的影响》，《市场周刊》2008 年第 12 期。

张永安、邬龙：《政策梳理视角下我国大气污染治理特点及政策完善方向探析》，《环境保护》2015 年第 5 期。

折晓叶、陈婴婴：《项目制的分级运作机制和治理逻辑——对“项目进村”案例的社会学分析》，《中国社会科学》2011 年第 4 期。

郑思齐、万广华、孙伟增等：《公众诉求与城市环境治理》，《管理世界》2013 年第 6 期。

周黎安：《中国地方官员的晋升锦标赛模式研究》，《经济研究》2007 年第 7 期。

周雪光：《权威体制与有效治理：当代中国国家治理的制度逻辑》，《开放时代》2011 年第 10 期。

周雪光、练宏：《中国政府的治理模式：一个“控制权”理论》，《社会学研究》2012 年第 5 期。

周雪光、练宏：《政府内部上下级部门间谈判的一个分析模型——以环境政策实施为例》，《中国社会科学》2011 年第 5 期。

周雪光：《运动型治理机制：中国国家治理的制度逻辑再思考》，《开放时代》2012 年第 9 期。

张学刚、钟茂初：《政府环境监管与企业污染的博弈分析及对策研究》，《中国人口·资源与环境》2011 年第 2 期。

周飞舟：《财政资金的专项化及其问题兼论“项目治国”》，《社会》2012 年第 1 期。

周华、郑雪姣、崔秋勇：《基于中小企业技术创新激励的环境工具设计》，《科研管理》2012 年第 5 期。

竺乾威：《地方政府的政策执行行为分析：以“拉闸限电”为例》，《西安交通大学学报》2012 年第 2 期。

朱德米：《地方政府与企业环境治理合作关系的形成——以太湖流

域水污染防治为例》，《上海行政学院学报》2010 年第 1 期。

中国工程院、环境保护部：《中国环境宏观战略研究（综合报告卷）》，中国环境科学出版社 2011 年版。

[英] 安东尼·吉登斯：《社会的构成》，李康、李猛译，生活·读书·新知三联书店 2000 年版。

[美] 安德鲁、肖特：《社会制度的经济理论》，上海财经大学出版社 2003 年版。

[瑞典] 伯恩斯：《经济与社会变迁的结构化——行动者、制度与环境》，周长城译，社会科学文献出版社 2010 年版。

[法] 皮埃尔·布迪厄、华康德：《实践与反思：反思社会学导引》，李猛、李康译，中央编译出版社 1998 年版。

[美] 理查德·斯科特：《制度与组织——思想观念与物质利益》，姚伟译，中国人民大学出版社 2010 年版。

[美] 丹尼尔·W. 布罗姆利：《经济利益与经济制度——公共政策的理论基础》，上海人民出版社 2006 年版。

[美] 道格拉斯·诺思：《制度变迁与经济绩效》，上海三联书店 2006 年版。

[美] 道格拉斯·诺思：《经济史中的结构与变迁》，陈郁、罗华平等译，上海人民出版社 2006 年版。

[美] 杰伊·M. 沙夫里茨、E. W. 拉塞尔、克里斯托弗·P. 伯里克：《公共行政导论》，刘俊生、欧阳帆、金敏正等译，中国人民大学出版社 2011 年版。

[美] 库尔特·考夫卡：《格式塔心理学原理》，李维译，北京大学出版社 2010 年版。

[美] 利奥尼德·赫维茨：《经济机制设计》，田国强、费建平译，格致出版社 2009 年版。

[英] 迈克尔·希尔、[荷] 彼特·休普：《执行公共政策——理论

与实践中的治理》，黄健荣译，商务印书馆 2011 年版。

［美］罗纳德·哈里·科斯：《财产权利与制度变迁》，刘守英译，上海三联书店 2006 年版。

［美］欧文·戈夫曼：《日常生活中的自我呈现》，冯钢译，北京大学出版社 2008 年版。

［美］培顿·扬：《个人策略与社会结构——制度的演化理论》，王勇译，汉语大词典出版社 2008 年版。

［日］青木昌彦：《比较制度分析》，周黎安译，上海远东出版社 2001 年版。

［美］唐斯：《官僚制内幕》，郭小聪译，中国人民大学出版社 2006 年版。

［美］詹姆斯·E. 安德森：《公共政策制定》，谢明译，中国人民大学出版社 2009 年版。

［美］杰克·奈特：《制度与社会冲突》，周伟林译，上海人民出版社 2009 年版。

英文部分：

Ahlers, A. L., Heberer, T. & Schubert, G. (2016). Whithering Local Governance in Contemporary China? Reconfiguration for More Effective Policy Implementation. *Journal of Chinese Governance*, 5: 1 – 23.

Archer, M. S. (1985). Structuration Versus Morphogenesis. *Macro-sociological Theory: Perspectives on Sociological Theory*, 1: 58 – 88.

Atkinson, M. M. & Coleman W. D. (1992). Policy Networks, Policy Communities and the Problems of Governance. *Governance*, 5 (2): 154 – 180.

Bardach, E. (1977). The Implementation Game: What Happens After a Bill Becomes a Law. Cambridge, M. A.: Mit Press.

Belden, R. S. (2001). Clean Air Act. American Bar Association.

Birkland, T. A. (2014). An Introduction to the Policy Process: Theories, Concepts and Models of Public Policy Making. Routledge.

Boubel, R. W., Vallero, D. & Fox, D. L. et al. (2013). Fundamentals of Air Pollution. Elsevier.

Cai, Y. (2008). Power Structure and Regime Resilience: Contentious Politics in China. *British Journal of Political Science*, 38 (3): 411 -432.

Chen, Z. & Sun, Y. Z. (2011). Entrepreneur, Organizational Members, Political Participation and Preferential Treatment: Evidence From China. *International Small Business Journal*, 3: 1 -17.

Chen, Y., Jin, G. Z. & Kumar, N. et al. (2012). Gaming in Air Pollution Data? Lessons from China. *The BE Journal of Economic Analysis & Policy*, 12 (3).

Chen, Y., Jin, G. Z. & Kumar, N. et al. (2013). The Promise of Beijing: Evaluating the Impact of the 2008 Olympic Games on Air Quality. *Journal of Environmental Economics and Management*, 66 (3): 424 -443.

Chou Kwok-ping. (2003). Conflict and Ambiguity in the Implementation of Civil Service Reform in China, 1993 -2000. Hong Kong: The University of Hong Kong.

Clausewitz, C. (2009). On War: the Complete Edition. *Wildside Press*, 200: 448.

Cooper, A., Levin, B. & Campbell, C. (2009). The Growing (but still limited) Importance of Evidence in Education Policy and Practice. *Journal of Educational Change*, 10 (2 -3): 159 -171.

Coase, R. H. (1960). Problem of Social Cost. *the. JL & econ.*, 3: 1.

Corbin, J. & Strauss, A. (2014). Basics of Qualitative Research:

Techniques and Procedures for Developing Grounded Theory. Sage Publications.

DeLeon, P. (1999). The Missing Link Revisited. *Review of Policy Research*, 16 (3 - 4): 311 - 338.

DeLeon, P. (1999). The Stages Approach to the Policy Process: What has it Done? Where is it Going. *Theories of the Policy Process*, 19: 19 - 32.

Demsetz, H. (1967). Toward a Theory of Property Rights. *The American Economic Review*, 347 - 359.

Dubé, L. & Paré, G. (2003). Rigor in Information Systems Positivist Case Research: Current Practices, Trends, and Recommendations. *MIS Quarterly*, 597 - 636.

Edward Peck & Perri (2006). Beyond Delivery: Policy Implementation as Sense-Making And Settlement. New York: Palgrave Macmillan, 10 - 11.

Eisenhardt, K. M. (1991). Better Stories and Better Constructs: The Case for Rigor and Comparative Logic. *Academy of Management Review*, 16 (3): 620 - 627.

Eisenhardt, K. M. (1989). Building Theories from Case Study Research. *Academy of Management Review*, 14 (4): 532 - 550.

Elmer, M. C. (1939). Social Research. Prentice-Hall, Incorporated, 122 - 123.

Gee, W. (1950). Social Science Research Methods. New York: Appleton-Century-Crofts.

Ghanem, D. & Zhang, J. (2014). "Effortless Perfection": Do Chinese Cities Manipulate Air Pollution Data? *Journal of Environmental Economics and Management*, 68 (2): 203 - 225.

Glaser, B. G., Strauss, A. L. & Strutzel, E. (1968). The Discovery of Grounded Theory; Strategies for Qualitative Research. *Nursing Research*, 17 (4): 364.

Goggin, M. L. (1986). The "too few Cases/too many Variables" Problem in Implementation Research. *The Western Political Quarterly*, 328 - 347.

Godish, T., Davis, W. T. & Fu, J. S. (2014). Air Quality. CRC Press.

Goggin, M. L. (1986). The " too few Cases/too many Variables" Problem in Implementation Research. *The Western Political Quarterly*, 328 - 347.

Gray, W. B. & Deily, M. E. (1996). Compliance and Enforcement: Air Pollution Regulation in the US Steel Industry. *Journal of environmental economics and management*, 1: 96 - 111.

Hall, B. & Van Reenen, J. (2000). How Effective are Fiscal Incentives for R&D? A Review of the Evidence. *Research Policy*, 29 (4): 449 - 469.

Hill, M. J. (1997). The Policy Process in the Modern State. Prentice Hall PTR.

He, J. & Wang, H. (2012). Economic Structure, Development Policy and Environmental Quality: An Empirical Analysis of Environmental Kuznets Curves with Chinese Municipal Data. *Ecological Economics*, 76: 49 - 59.

He, G., Lu, Y. & Mol, A. P. J. et al. (2012). Changes and Challenges: China's Environmental Management in Transition. *Environmental Development*, 3: 25 - 38.

Hjern, B. & Hull, C. (1982). Implementation Research as Empirical

Constitutionalism. *European Journal of Political Research*, 10 (2): 105 - 115.

Hudson, B. (2006). User Outcomes and Children's Services Reform: Ambiguity and Conflict in the Policy Implementation Process. *Social Policy and Society*, 5 (2): 227 - 236.

Immergut, E. M. (1998). The Theoretical Core of the New Institutionalism. *Politics and Society*, 26: 5 - 34.

Jahiel, A. R. (1998). The Organization of Environmental Protection in China. *The China Quarterly*, 156: 757 - 787.

Jann, W. & Wegrich, K. (2006). Theories of the Policy Cycle. *Handbook of Public Policy Analysis*, 43.

Jiang, P., Chen, Y. & Geng, Y. et al. (2013). Analysis of the Co-Benefits of Climate Change Mitigation and Air Pollution Reduction in China. *Journal of Cleaner Production*, 58: 130 - 137.

Kevin, J. (2006). O'Brien, Lianjiang Li. Rightful Resistance in Rural China. Cambridge University Press, 1 - 10.

Kingdon, J. W. (1995). The Policy Window, and Joining the Streams. *Agendas, Alternatives, and Public Policies*, 172 - 189.

Kline, R. B. (2004). Beyond Significance Testing: Reforming Data Analysis Methods in Behavioral Research.

Kostka, G. (2014). Barriers to the Implementation of Environmental Policies at the Local Level in China. *World Bank Policy Research Working Paper.*

Lasswell, H. D. (1956). The Political Science of Science: An Inquiry into the Possible Reconciliation of Mastery and Freedom. *American Political Science Review*, 50 (4): 961 - 979.

Li, Y., Zhang, W. & Ma, L. et al. (2013). An Analysis of China's

Fertilizer Policies: Impacts on the Industry, Food Security, and the Environment. *Journal of Environmental Quality*, 42 (4): 972 -981.

Lipsky, M. (1991). The Paradox of Managing Discretionary Workers in Social Welfare Policy. *The Sociology of Social Security*, 212 -228.

Lijphart, A. (1971). Comparative Politics and the Comparative Method. *American Political Science Review*, 65 (3): 682 -693.

Linder, S. H. & Peters, B. G. (1987). A Design Perspective on Policy Implementation: The Fallacies of Misplaced Prescription. *Review of Policy Research*, 6 (3): 459 -475.

Liu, L., Liu, C. & Wang, J. (2013). Deliberating on Renewable and Sustainable Energy Policies in China. *Renewable and Sustainable Energy Reviews*, 17: 191 -198.

Lowi, T. J. (1972). Four Systems of Policy, Politics, and Choice. *Public Administration Review*, 298 -310.

Lundberg, G. A. (1926). Case Work and the Statistical Method. *Soc. F.*, 5: 61.

Matland, R. E. & Studlar, D. T. (2004). Determinants of Legislative Turnover: Across-National Analysis. *British Journal of Political Science*, 34 (1): 87 -108.

Matland, R. E. (1995). Synthesizing the Implementation Literature: The Ambiguity-Conflict Model of Policy Implementation. *Journal of Public Administration Research and Theory*, 5 (2): 145 -174.

Matus, K., Nam, K. M. & Selin, N. E. et al. (2012). Health Damages From Air Pollution in China. *Global Environmental Change*, 22 (1): 55 -66.

Mei, C. (2009). Brings the Politics Back in: Political Incentive and Policy Distortion in China. Maryland University.

Meier, K. J. (1999). Are We Sure Lasswell Did It This Way? Lester, Goggin and Implementation Research. *Policy Currents*, 9 (1): 5 - 8.

Mazmanian. & Sabatier. (1983). Implementation and Public Policy. Glenview, Ⅲ: Scott, Foresman, 20 - 29.

Mazmanian, D. A. & Sabatier, P. A. (2000). A Framework for Implementation Analysis. *The Science of Public Policy: Policy Process, Part II*, 6: 97.

Miles, M. B. & Huberman, A. M. (1994). Qualitative Data Analysis: An Expanded Sourcebook. Sage.

Milliman, S. R. & Prince, R. (1989). Firm Incentives to Promote Technological Change in Pollution Control. *Journal of Environmental Economics and Management*, 17 (3): 247 - 265.

Molasgallart, J. & Castromartínez, E. (2007). Ambiguity and Conflict in the Development of "Third Mission" Indicators. *Research Evaluation*, 16 (4): 321 - 330.

Nakamura, R. T. & Smallwood, F. (1980). The Politics of Policy Implementation. St. Martin's Press.

Nakamura, R. T. (1987). The Textbook Policy Process and Implementation Research. *Review of Policy Research*, 7 (1): 142 - 154.

O'Brien, K. J. , Li, L. & McAdam, D. et al. (2006). Rightful Resistance in Rural China. Cambridge: Cambridge University Press.

OECD. (1994). Managing the Environment: The Role of Economic Instruments, Paris: OECD.

Sabatier, P. & Mazmanian, D. (1980). The Implementation of Public Policy: A Framework of Analysis. *Policy Studies Journal*, 8 (4): 538 - 560.

Ostrom, E. (2007). Institutional Rational Choice: An Assessment of the Institutional Analysis and Development Framework.

Parsons, W. (1995). Public Policy. *Cheltenham, Northampton.*

Pressman, J. L. & Wildavsky, A. B. (1973). Implementation: How Grert Expectations in Washington are Dashed in Oakland; Or, Why It's Amazing that Federal Programs Work at All. University of California Press.

Potoski, M. & Prakash, A. (2005). Green Clubs and Voluntary Governance: ISO 14001 and Firms' Regulatory Compliance. *American Journal of Political Science*, 49 (2): 235 –248.

Qian, Y. & Weingast, B. R. (1997). Federalism as a Commitment to Perserving Market Incentives. *The Journal of Economic Perspectives*, 83 –92.

Rawls, J. (2009). A Theory of Justice. Harvard University Press.

Reitze, A. W. (2001). Air Pollution Control Law: Compliance and Forcement. Environmental Law Institute.

Sabatier, P. A. (1991). Toward Better Theories of the Policy Process. *Political Science & Politics*, 24 (2): 147 –156.

Saetren, H. (2005). Facts and Myths about Research on Public Policy Implementation: Out-of-Fashion, Allegedly Dead, But Still Very Much Alive and Relevant. *Policy Studies Journal*, 33 (4): 559 –582.

Schwarzmantel, J. J. (1994). The State in Contemporary Society: an Introduction.

Sheehan, P., Cheng, E. & English, A. et al. (2014). China's Response to the Air Pollution Shock. *Nature Climate Change*, 4 (5): 306 –309.

Shiyi, C. & Zhen, X. (2015). An Inquiry into the Win-Win Policy for Economic Development and Environmental Protection—Start with the Lin Yi Air Pollution Abatement Incident. *Chinese Journal of Environmental Management*, 4: 005.

Spillane, J. P., Reiser, B. J. & Reimer, T. (2002). Policy Implementation and Cognition: Reframing and Refocusing Implementation Research. *Review of Educational Research*, 72 (3): 387 - 431.

Teune, H. & Przeworski, A. (1970). The Logic of Comparative Social Inquiry. New York, John Wiley & Sons, 32 - 33.

Underdal, A. (2010). Complexity and Challenges of Long-Term Environmental Governance. *Global Environmental Change*, 3: 386 - 393.

Van Meter, D. S. & Van Horn, C. E. (1975). The Policy Implementation Process a Conceptual Framework. *Administration & Society*, 6 (4): 445 - 488.

Wang, S. & Hao, J. (2012). Air Quality Management in China: Issues, Challenges, and Options. *Journal of Environmental Sciences*, 24 (1): 2 - 13.

Wolff, J. (2013). De-Shalit A. Disadvantage. *OUP Catalogue*.

Winter, S. G. (2003). Understanding Dynamic Capabilities. *Strategic Management Journal*, 24 (10): 991 - 995.

Yin, R. K. (1989). Case Study Research: Design and Methods, Revised Edition. *Applied Social Research Methods Series*, 5.

Zhang, Q., He, K. & Huo, H. (2012). Policy: Cleaning China's Air. *Nature*, 484 (7393): 161 - 162.

Zheng, S. & Kahn, M. E. (2013). Understanding China's Urban Pollution Dynamics. *Journal of Economic Literature*, 731 - 772.

Zhou, M., Liu, Y. & Wang, L. et al. (2014). Particulate Air Pollution and Mortality in a Cohort of Chinese Men. *Environmental Pollution*, 186: 1 - 6.

附 录 1

访谈提纲

在问卷调查之外，本书还在武汉市、郑州市、南阳市开展了部分实地调研，根据自身的便利条件和资源可获得性，抽取部分环保部门、企业工厂、社区居民和环保组织进行了调查，重点进行了以下访谈。

（1）对环保部门的访谈：政府出台防治大气污染政策的背景；政府为政策执行提供了多少专项资金；各区县、各部门是否配合这些政策的执行；这些部门在落实这些政策中是否有充分的动力；采取了哪些手段来执行这两大政策；政策执行已经取得的成效；政策执行的难点和遇到的主要问题有哪些；政策执行过程中企业工厂配合的意愿是否高；工厂或企业执行政策有哪些困难；社会公众是否积极参与到机动车尾气排放污染治理中来；影响公众参与的因素有哪些；这些政策执行如何常态化；本地是否发展起了关于空气污染治理的技术或者产业；在实际中的运用情况如何；这些技术或产业不能得到推广发展的原因是什么；在这些政策执行中有哪些典型经验、典型问题和典型案例；您认为改善大气污染防治政策执行，需要做好哪几方面的工作？

（2）对企业工厂的访谈：已经采取了哪些措施来执行这些政策；企业是否愿意配合执行这些政策；执行这些政策有哪些具体困难；环保部门是否采取了专项整治活动；您认为这些活动是否有成

效；还需要如何完善大气污染防治政策？

（3）对社区居民的访谈：您是否知道当地正在落实工业烟粉尘、施工粉尘等大气染污防治政策；您发现环保部门采取了哪些措施；您认为政府部门采取的措施是否合理；您认为还需要完善的地方有哪些，当地企业或者施工单位是否进行了改正；您认为这些政策是否具有效果；您是否参与到这些治理活动中来；影响您参与这些活动的主要原因是什么？

（4）对环保组织的访谈：您是否有参与到大气污染防治中来；您认为当前公众的环保意识是否已经提升；您认为政府、企业、公众以及环保部门如何才能形成治理合力？

附录2

调查问卷

大气污染防治政策有效执行影响因素调查问卷

尊敬的先生/女士：

您好！首先对您抽出宝贵时间对这份问卷调查作答表示最高的谢意！您的意见和答案将对此提供非常重要的帮助。我们承诺此问卷仅作为学术研究所用，请您放心并客观回答。如您需要，我们对统计结果进行分析和处理后，将通过适当方式反馈给您。能倾听您的意见，我们深感荣幸！如您填写完毕或有任何疑问，请及时与我们联系。

联系人及地址：×××

第一部分：个人信息

（1）您的性别：

A. 男　　B. 女

（2）您的年龄：

A. 30岁以下　　B. 30—39岁

C. 40—49岁　　D. 50岁以上

（3）最高学历：

A. 博士　　B. 硕士

C. 本科　　D. 本科以下

（4）职业：

A. 公务员　　B. 大气污染相关行业

C. 媒体　　D. 学术研究

E. 其他

（5）您对大气污染政策执行的了解程度：

A. 非常了解　　B. 有些了解

C. 不太了解　　D. 完全不了解

（6）您的职级：

（政府部门人员填写）

A. 厅级、副厅级　　B. 处级、副处级

C. 科级、副科级　　D. 科员及以下

（高校或研究人员填写）

A. 教授/研究员　　B. 副教授/副研究员

C. 讲师/助理研究员　　D. 助教或研究生

第二部分：大气污染防治政策执行效果判断（同意程度从1到7逐渐增强）

测项	1	2	3	4	5	6	7
大气污染防治政策得到了很好的执行							
通过执行大气污染防治政策，空气质量得到了有效的改善							

第三部分：大气污染防治政策有效执行的影响因素判断

测项	1	2	3	4	5	6	7
中央政府治理大气污染的意愿很强							
地方政府治理大气污染的意愿很强							

续表

测项	1	2	3	4	5	6	7
地方政府执行大气治理政策的能力很强							
企业的规模和性质会影响对大气污染防治政策的配合执行程度							
污染企业和地方政府的依存关系会影响对大气污染防治政策的配合执行程度							
污染企业的环保意愿会影响对大气污染防治政策的配合执行程度							
污染企业的环保能力会影响对大气污染防治政策的配合执行程度							
网民参与能够影响大气污染防治政策的有效执行							
媒体报道能够影响大气污染防治政策的有效执行							
环保组织能够影响大气污染防治政策的有效执行							
政治需要和发展战略会影响大气污染防治政策的执行							
经济发展水平会影响大气污染防治政策的执行							
国内外社会关注度会影响大气污染防治政策的执行							
政策目标的清晰度对大气污染防治政策执行产生重要影响							
政策目标的冲突性对大气污染防治政策执行产生重要影响							
政策工具的选择对大气污染防治政策执行产生重要影响							
政府的威权程度对大气污染防治政策执行产生重要影响							
中央政府和地方政府的权责划分对大气污染防治政策执行产生重要影响							

续表

测项	1	2	3	4	5	6	7
中央政府对地方政府的控制机制对大气污染防治政策执行产生重要影响							
跨域合作机制对大气污染防治政策执行产生重要影响							

第四部分 开放性问题

（1）您认为中央政府、地方政府、企业、社会公众对大气污染治理的作用大小排序为：______________________________

____

（2）您认为京津冀协同治理区域雾霾政策在执行过程中存在的困难主要是：______________________________

____

（3）您如何预测京津冀协同治理区域雾霾政策？__________

____

（4）您认为还有哪些因素会影响大气污染防治政策的执行？___